Harry Niemann

# FASZINATION ZEIT

Marken, Geschichte und Komplikationen
klassischer Uhren

Delius Klasing Verlag

Besonders danke ich für die Unterstützung Herrn Walter Lange sowie folgenden Firmen:

Audemars Piguet Holding S.A.; Auktionen Dr. H. Crott, Inh. Stefan Muser; Blancpain
(The Swatch Group); Breguet (The Swatch Group); Carl F. Bucherer (Bucherer Montres S.A.)
Chronoswiss Uhren GmbH; Glashütte Original / Union Glashütte (The Swatch Group);
IWC International Watch Co. AG (IWC); Jaeger-LeCoultre (Compagnie Financière Richemont S.A.);
Lange Uhren GmbH; Longines (The Swatch Group); Maurice Lacroix Holding AG;
Mercedes-Benz Uhren; Mido (The Swatch Group); Omega S.A. (The Swatch Group); Oris S.A.;
Patek Philippe Genève; Paul Picot S.A.; Rolex Deutschland GmbH; Sinn Spezialuhren GmbH & Co. KG;
TAG Heuer S.A.; Ulysse Nardin S.A.; Vacheron Constantin; Zenith Suisse.

Bibliografische Information der Deutschen Nationalbibliothek
Die Deutsche Nationalbibliothek verzeichnet diese Publikation in der
Deutschen Nationalbibliografie; detaillierte bibliografische
Daten sind im Internet über http://dnb.d-nb.de abrufbar.

1. Auflage
ISBN 978-3-7688-2646-4
© by Delius, Klasing & Co. KG, Bielefeld

Einbandgestaltung und Layout: Gabriele Engel
Litho: scanlitho.teams, Bielefeld
Druck: Kunst- und Werbedruck, Bad Oeynhausen
Printed in Germany 2009

Delius Klasing Verlag, Siekerwall 21, D - 33602 Bielefeld
Tel.: 0521/559-0, Fax: 0521/559-115
E-Mail: info@delius-klasing.de
www.delius-klasing.de

# Inhalt

## Komplikationen und Variationen

### Antiquitäten für das Handgelenk

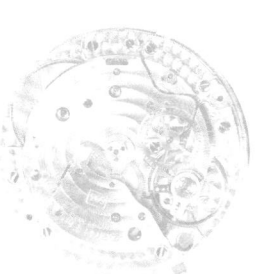

# Einleitung

## Was Sie über mechanische Uhren wissen sollten

Immer mehr Menschen erliegen der Faszination der mechanischen Uhr, obwohl diese im Grunde einen Anachronismus darstellt. Keine Epoche präsentiert so massiv das Informationsgut Zeit wie die unsere. Das Telefon, das Radiogerät, der Computer und auch das Handy bieten eine Zeitanzeige. Uhren umgeben uns überdies an allen Orten. Selbst im Automobil gehörte die Uhr oft zweifach mit analoger und digitaler Anzeige zum Standard in der gehobenen Klasse. Wer dennoch auf die Uhr am Handgelenk nicht verzichten will, dem bietet die Quarzuhr höchste Genauigkeit. Wem das noch nicht ausreicht, der greift zur Funkuhr, die erst in einer Million Jahren eine Sekunde verliert.

*Eines der gesuchtesten historischen Rolex Modelle mit einem Valjoux Kaliber 72 C ist dieser Kalenderchronograph Referenz 4768, von dem nur ca. 220 Exemplare hergestellt wurden. Das Datum wird aus der Mitte heraus angezeigt, Tag und Monat durch Fenster.*

Trotz alledem oder vielleicht gerade deswegen hat die mechanische Uhr, ob nun als Automatikuhr oder ganz puristisch mit Handaufzug, eine nie für möglich gehaltene Renaissance erlebt. In einer schnelllebigen Zeit, da Fernsehapparat oder Computer schon nach wenigen Jahren, nicht selten sogar Monaten zum alten Eisen hören, sehnen wir uns offenbar nach Gegenständen, die der Zeit nicht nur trotzen, sondern ihren ursprünglichen Wert gar erhalten. Noch mehr beglückt der Umstand, wenn sich dieser erhöht.

Wer 1978 eine Rolex Daytona für 1600 Mark gekauft hat, erhält heute dafür das Zwanzigfache des damaligen Kaufpreises. Gleiches gilt für eine Patek Philippe der Referenz 1562. Wer dieses Handaufzugmodell mit Ewigem Kalender 1952 erwarb, kann – einen guten Erhaltungszustand vorausgesetzt – heute fast das Hundertfache des Ursprungspreises erzielen. Solche Beispiele machen Hoffnung und ermuntern zum Kauf mechanischer Uhren.

Mehr als eine Aktie oder ein Kontoauszug erfreuen uns diese technischen Wunderwerke täglich. Das Universum der mechanischen Armbanduhr ist reich an Komplikationen und Marken. Große Uhrenmarken sind dabei ein wenig das Salz in der Suppe. Selbst für jene, die über Jahre originelle Uhren gesammelt haben, selbst wenn alle mit den unterschiedlichsten Funktionen versehen sind, kommt der Zeitpunkt, an dem der Wunsch nach einer großen Marke übermächtig wird. Auch der Nüchternste kann sich der Faszination einer über 100 Jahre währenden Geschichte nicht entziehen, die dem Produkt jene Patina verleiht, die diese Uhren in den technischen Adelsstand erhebt.

Patek Philippe, Audemars Piguet, Blancpain, Breguet, Rolex, IWC, Omega, Zenith, Vacheron Constantin und A. Lange & Söhne sind einige solcher Marken. In jeder Dekade waren sie Mitglieder der Haute Horlogerie und wahre Meister der Komplikationen. Das Tourbillon mit Chronograph, eine Minutenrepetition, aber auch so exotische Komplikationen wie eine Grande Sonnerie Carillon oder auch ein Ewiger Kalender mit Weltzeitindikation und ein Ewiger Kalender mit Sonnenauf- und -untergang sowie Äquation (Zeitgleiche) – allesamt Uhren, die zum Teil deutlich über 50 000 Euro liegen und damit eher für viele von uns eine Rolle im Land der Träume spielen, und sie bildeten das Oeuvre dieser Hersteller. Es ist nur legitim, wenn solche Unternehmen die Magie der Tradition beschwören und eingedenk der großartigen Konstruktionen der Vergangenheit diese mit moderner Fertigungstechnologie und Konstruktionscomputern neu und noch ausgereifter entstehen lassen. Was hätten wohl Uhrmacher vergangener Generationen gesagt, wenn man ihnen eine wasserdichte Minutenrepetition gezeigt hätte, wie sie von Blancpain angeboten wird?

Wer der Faszination der mechanischen Uhr einmal erlegen ist, der wird es zumeist nicht beim Kauf einer mechanischen Uhr bewenden lassen. Vielleicht wird er nach Marken sammeln oder aber auch nach Komplikationen und/oder Uhren, die mit einem Chronometerzertifikat versehen sind. Wobei oft der Chronometer mit dem Chronographen verwechselt wird oder, der Wortbedeutung entsprechend, darunter eine einfache Uhr verstanden wird. Auch ist nicht jeder zertifizierte Chronometer eine Uhr mit mechanischem Werk. Für den Mechanikliebhaber aber gilt, dass es sich bei einer mechanischen Uhr, die als Chronometer zertifiziert ist, um eine Uhr handelt, die von der COSC (Contrôle Officiel Suisse des Chronomètres) auf ihre Ganggenauig-

*Manufaktur im eigentlichen Wortsinn kann sich nur der Uhrenhersteller nennen, der auch seine Werke selbst herstellt. Hier ein überzeugendes Beispiel der Werkautonomie im Fall von Jaeger-LeCoultre.*

*Die IWC Da Vinci nun in Tonneau-Form mit Ewigem Kalender und Chronograph. Er zeigt die Achtelsekunde an, ebenso wie die Abfolge der Monate und Schaltjahre.*

Vollständigkeit. Im Großen und Ganzen findet der Uhreninteressierte, der mit dem Kauf einer hochwertigen mechanischen Uhr liebäugelt, alles an Grundlagenwissen, was er als Käufer einer mechanische Uhr wissen sollte. Letztendlich aber ist die mechanische Uhr heute mehr ein Mode-Accessoire denn ein verlässlicher Zeitmesser. Diese Aufgabe erfüllt eine Funkuhr, die ihr Zeitsignal atomuhrgenau gesendet bekommt, eindeutig besser, und selbst eine hochwertige Quarzuhr verliert im Monat nur eine Sekunde – eine Präzision, die eine mechanische Uhr gerade einmal in 24 Stunden erreicht.

Wer Uhren sammelt, kann seinem modischen Spieltrieb frönen. Kombinieren Sie die Uhr aus Gelbgold, Weißgold, Rotgold oder Platin und Stahl mit den entsprechenden Manschettenknöpfen und oder einem Siegelring gleichen Materials, passen Sie das Lederband an Gürtel und Schuhe an und tragen Sie Ihre Sportuhr da, wo diese hingehört. Kein Taucher, auch kein Schatztaucher, geht mit einer goldenen Uhr unter Wasser, selbst wenn diese eine Tauchtiefe von 2000 Metern zulässt. Auch eine Komplikation passt besser in ein elegantes Gehäuse denn in eine Sportuhr. Wenn Sie dennoch nicht bei Sport und Freizeit auf Edelmetall verzichten wollen, so bietet sich die Weißgolduhr mit Weißgold- oder Kautschukband als stilsichere Alternative an. Natürlich lassen sich weiße Metalle wie Weißgold, Stahl, Platin auch gut miteinan-

keit gepüft wurde. Auch wenn es sich dabei lediglich um eine Momentaufnahme handelt, so sind Uhrwerke mit diesem Prüfvermerk sehr gut einreguliert. Einer der größten Chronometerhersteller war in den 1950er- und 1960er-Jahren Omega. Heute ist es die Firma Rolex, die den größten Anteil an mechanischen Armbanduhr-Chronometern herstellt.

Die wichtigsten Komplikationen finden Sie in diesem Buch. Darüber hinaus werden Marken, Museen und Komplikation erläutert, allerdings ohne Anspruch auf

der kombinieren. Neben den aktuellen Modellen lädt die nunmehr schon über 100 Jahre dauernde Geschichte der Armbanduhr auch dazu ein, echte Vintage-Modelle wieder an den Arm zu legen. Gönnen Sie sich bei den vielen Uhrenauktionen einen Blick in die Kataloge und entdecken Sie Ihren Liebling vergangener Epochen. Oft lassen sich, ein wenig Sachkenntnis vorausgesetzt, interessante Schnäppchen machen. Ein aktuelles Beispiel ist der ab 2001 nur für relativ kurze Zeit produzierte Ebel E-Type. Als Chronometer-Chronograph mit dem fein finisierten Kaliber 137 ist diese Uhr heute oft auch als ungetragene Lagerware für ein Drittel des ursprünglichen Preises zu haben. Die Aufgabe dieser Modelllinie bei Ebel ist umso erstaunlicher, als dieser Typ den Trend zu übergroßen Uhren mit eingeleitet hat.

Oft hat eine alte Uhr einen besonderen Charme, vor allem dann, wenn sie auf den ersten Augenschein genau zum aktuellen Modetrend passt. Dann ist das Erstaunen groß, wenn man auf Nachfrage mitteilen kann, das es diesen schon vor 35 Jahren gegeben hat. Nicht zuletzt dadurch erklären sich dann auch die exorbitant hohen und sachlich durch nichts zu recht-

fertigenden Preise, die alte Panerei Modelle auf Auktionen erzielen, denn in diesem Fall diente das historische Vorbild dazu, die neue Uhrenlinie zu gestalten. Im Gegensatz zu früher braucht heute keiner mehr einen Bügel über der Krone, der diese wasserdicht anpresst, und doch werden solche anachronistischen Details von der Kundschaft goutiert. Immer wieder ein Hingucker sind die alten Rolex Modelle, die gerade durch ihre Patina eine andere Ausstrahlung vermitteln als eine neue Uhr. Uhrengeschichte kann man so nicht nur kennenlernen und besitzen, sondern auch tragen.

*Der Tourbograph ist eine der kompliziertesten Uhren von A. Lange & Söhne. Der Antrieb erfolgt über Kette und Schnecke. Als Komplikationen werden Tourbillon und Chronograph Rattrapante geboten.*

# Geschichte und Museen

## Der Genius loci – Die Bedeutung der Tradition und das Glashütter Uhrenmuseum

Wir leben in einer Zeit, da Produkt- und Unternehmenstradition mehr bedeuten als das schlichte Bewahren von Vergangenem. Tradition und Traditionspflege tragen entscheidend dazu bei, das Image eines Produkts zu gestalten.

Historische Kontinuität eines Produkts, noch dazu, wenn es die jeweilige Zeitepoche mitbestimmt hat, ist ein Gütesiegel. Tradition wird somit zum Verkaufsargument. Aber Geschichte ist natürlich mehr als das: Sie hat, wie es der Philosoph Hermann Lübbe einmal formuliert hat, mit unserer Identität zu tun. In einer weitgehend uniformen und zudem anachronistischen Epoche des Uhrenbaus schafft Geschichte die für das Produkt notwendige Identität. Nicht umsonst versuchen einige Hersteller den Nachweis der historischen Kontinuität zu führen, um diesen dann in aufwendiger Imagekampagnen auszuwerten. Die alte Uhr, und dies gilt ebenso für die Taschen- wie für die Armbanduhr, erfährt auf breiter Ebene die Metamorphose vom Gebrauchsgegenstand zum Kultobjekt und gewinnt außerhalb der Sphäre des Nützlichen einen neuen Charakter, eine neue ästhetische Dimension, die Handwerk und seine Geschichte erlebbar macht.

Die Tatsache, dass Unternehmen seit mehr als 100 Jahren gute Produkte herstellen, hat seinen Grund nicht nur in deren fachlicher Kompetenz, sondern auch in ihrem Geist. Wer zum Mond fliegt, ganz gleich ob in Ost oder West, besitzt prinzipiell die Fähigkeit zur Herstellung technologisch hochwertiger Produkte. Dies allein aber reicht nicht aus. Es ist der Geist, der das Wesen eines Unternehmens und seiner Produkte bestimmt. Und nichts ist wichtiger als die Pflege und Erhaltung dieses Geistes. Das Image

*Aus der ehemaligen Uhrmacherschule in Glashütte wurde ein beeindruckendes Museum, das Lokalgeschichte geschickt mit der Uhrmacherei verknüpft.*

eines Unternehmens wird von seinen Menschen geprägt. Und wo der Geist stimmt, da stimmt auch das Produkt.

So nimmt es denn auch nicht Wunder, dass die Top-Unternehmen der Uhrenindustrie kräftig in das Thema Traditionspflege investieren. Sichtbares Zeichen dafür sind die vielen Museen und musealen Präsentationen, die in letzter Zeit geradezu aus dem Boden schossen. Omega, Longines, Audemars Piguet, IWC, TAG Heuer, Jaeger-LeCoultre und Patek Philip-

*Silberbergwerke und Uhrenmanufakturen prägten das wirtschaftliche Bild in Glashütte, hier an den sächsischen Silbertalern und einer Taschenuhr dokumentiert.*

pe haben Marken- oder Werksmuseen eröffnet, deren Aktivitäten zum Teil weit über die reine Präsentation der alten Uhren hinausgehen. Ein erster und wichtiger Schritt dabei ist das Einrichten eines Archivs, das es gestattet, die präsentierten Stücke und ausgestellten Objekte sowie die angeführten Zitate durch Originaldokumente zu belegen.

Hinsichtlich der musealen Konzeption lassen sich zwei Strategien ausmachen: Einmal das reine Firmenmuseum, das ausschließlich Produkte und Marken aus der eigenen Firmengeschichte präsentiert, und zum anderen die museale Präsentation, die marken- und unternehmensübergreifend die Geschichte der Räderuhren

dokumentiert und die jeweils wichtigen Entwicklungsschritte aufzeigt – unabhängig davon, welches Unternehmen diese schlussendlich auf den Markt gebracht hat.

Eine weitere Sonderstellung in der heterogenen Museumslandschaft nimmt das Deutsche Uhrenmuseum Glashütte ein. Untergebracht im geschichtsträchtigen Gebäude der ehemaligen Deutschen Uhrmacherschule, hat die Stiftung Deutsches Uhrenmuseum Glashütte einen Ort geschaffen, der das reiche kulturelle Erbe der Stadt bewahrt und zugleich Uhrmacherhandwerk, Bildung und Wissenschaft fördert. Es ist der Blick auf die Uhren-

*Am Ende des Rundgangs werden dem Besucher die Gegenwart Glashüttes in Form der Produkte der vor Ort angesiedelten Unternehmen präsentiert: A. Lange & Söhne, Glashütte Original, Mühle, Nomos und Wempe stehen für die neue Uhrenkultur.*

geschichte einer Stadt und Region, die die Entwicklung der mechanischen Uhr maßgeblich mitbestimmt hat.

Die Stadt Glashütte blickt in ihrer nunmehr 500-jährigen Historie auf gut 160 Jahre bewegte, kontinuierliche und faszinierende Geschichte der Uhrenindustrie zurück. Im Laufe dieser Zeit sind viele für

*Eine auf 130 Exemplare beschränkte Sonderedition von Glashütte Original zu Ehren von Karl Moritz Großmann, der seine Uhrenfabrikation in Glashütte 1854 begann.*

die Uhrenbranche bedeutende Gebäude entstanden. Die Mehrzahl dieser Bauten dient auch heute immer noch oder wieder der Herstellung traditionsreicher Glashütter Zeitmesser. Die große Ausnahme dabei blieb das Gebäude der ehemaligen Deutschen Uhrmacherschule im Herzen der Stadt. Um auch diesem historisch wertvollen Ort wieder neue Aufgaben zuzuführen, schrieb die Stadt Glashütte im Herbst 2005 einen Wettbewerb über innovative Nutzungskonzepte für das Gebäude aus.

Im Ergebnis der Ausschreibung richtete die Stadt Glashütte mit der Manufaktur Glashütte Original eine gemeinsame Stiftung ein, die im Sinne des Gemeinwohls dem Aufbau und Betrieb eines Uhrenmu-

seums, eines Archivs, einer Bibliothek sowie von Schauwerkstätten dient. Dazu brachte die Stadt Glashütte die in ihrem Eigentum befindlichen Uhrenexponate in die Stiftung ein.

Glashütte Original erwarb – mit großzügiger Unterstützung der Swatch Group AG – das Gebäude der ehemaligen Uhrmacherschule und sanierte es aufwendig. Darüber hinaus zog die Uhrmacherschule »Alfred Helwig« der Glashütte Original vor Kurzem in das Gebäude ein, um an

*Warum die Kunst der handgravierten Schmetterlingsbrücke des Kalibers 66 nur den Blick durch den rückwärtigen Glasboden gestattet? Die Panoinverse XL zeigt Glashütter Uhrmacherkunst auch auf dem Zifferblatt.*

den historischen Zweck des Gebäudes anzuknüpfen.

Gemäß dem Ausstellungsmotto »Faszination Zeit – Zeit erleben« beleuchtet das innovative Uhrenmuseum nicht nur die hohe Uhrmacherkunst an sich, sondern ermöglicht darüber hinaus einen emotionalen und philosophischen Zugang zum Phänomen Zeit. Im Einklang mit den Zielen der Stiftung »Deutsches Uhrenmuseum Glashütte – Nicolas G. Hayek« hat Glashütte Original einen Ausstellungsparcours entwickelt, der die reiche Geschichte Glashüttes ebenso vermittelt wie Aspekte des Zeitgefühls und der Zeitmessung.

Auf zwei Stockwerken und 1000 Quadratmetern Ausstellungsfläche werden mehr als 400 einmalige Exponate präsentiert und multimedial erlebbar gemacht: Glashütter Taschen-, Armband- und Pendeluhren verschiedener Epochen, Marinechronometer und Gangmodelle, historische Urkunden und Patente, Werkzeuge und Werkbänke sowie astronomische Modelle und Metronome werden kunstvoll in Szene gesetzt.

Thematisch setzt sich die Ausstellung aus einer Reihe von »Historienräumen« und »Zeiträumen« zusammen, die von einem Prolog und einem Epilog eingerahmt werden.

Die »Historienräume« bereiten den geschichtlichen Kontext der Uhrenstadt auf und stellen eingangs berühmte Persönlichkeiten und Gründerväter wie Ferdinand Adolph Lange, Julius Assmann, Adolf Schneider und Karl Moritz Großmann vor, die Glashütte zur Hochburg des feinen deutschen Uhrenbaus und der Uhrmacherausbildung werden ließen. Im Lau-

fe des Parcours werden weitere Epochen dargestellt, die Glashütte geprägt haben, wie Gründerzeit, Erster und Zweiter Weltkrieg, Demontage und Enteignung sowie Wiedervereinigung und Neugründung. Dazu gehört auch die Präsentation der von der GUB hergestellten Armbanduhren während der DDR-Zeit.

Die »Zeiträume« unterbrechen die chronologische Abfolge der Glashütter Uhrengeschichte und entführen den Besucher u. a. in den Mikrokosmos einer mechanischen Uhr, der so die Präzision und das Zusammenspiel hunderter Einzelteile selbst erleben kann. Zum selbstständigen Entdecken lädt ebenso ein weiterer multimedialer »Zeitraum« ein, der ein interaktives Glossar der Zeitmessung beinhaltet. Glashütte Original hält sich bei allen Präsentationen wohltuend im Hintergrund. Der Besucher kann zwar im letzten Raum des Museumsrundgangs eine breite Palette neben den anderen ortsansässigen Marken wie Lange & Söhne, Nomos und Mühle bewundern, wer aber tiefer in das faszinierende Uhrenangebot und die Geschichte von Glashütte Original eintauchen möchte, der kommt um einen Fabrikbesuch mit Werksführung nicht herum.

*Die Schatzkammer, in der drei Preziosen Glashütter Uhrmacherkunst im Original zu bewundern sind.*

„La Grandiose" | **Universaluhr**

**Universal Watch**

# Die Geschichte der Uhr – Das Patek Philippe Museum

Wann begann die Geschichte der mechanischen Uhr? Mit Peter Henlein im Nürnberg des 16. Jahrhunderts, oder war es Jacques Blancpain, der 1735 im Vallée de Joux die erste Uhrenfabrikation ins Leben rief? Die älteste Uhrenfabrik, die durchgängig ihre Produkte seit 1775 am Markt anbietet, ist die Genfer Firma Vacheron Constantin. Gerade der von Technik Begeisterte interessiert sich in den meisten Fällen auch für die Technikgeschichte, für das Entstehen und Werden großer Marken und deren Erfindungen. Das gilt für Uhren ebenso wie für Lokomotiven, Flugzeuge oder Automobile. Der interessierte Beobachter möchte die Meilensteine sehen, aus denen sich der Produkt- und Markenmythos zusammensetzt. Die Präsentation der Artefakte ermöglicht dann dem Connaisseur den genüsslichen Rundgang durch die Zeit. Aber ein Museum ist natürlich mehr als ein beliebiges Gebäude, gefüllt mit alten Dingen. Der Kern ist die Sammlung, aus der sich die Ausstellung mit ihrer Inszenierung ergibt. Selbstverständlich ist hierbei, wie bei den meisten Dingen, die Verpackung wichtig. Erst diese Melange ermöglicht die Faszination Museum. Wenn dann noch die eigene Markengeschichte auf das engste mit der Geschichte des Produkts verwoben ist, sind die besten Voraussetzungen für einen überzeugenden Auftritt gegeben.

All das Gesagte trifft für das Patek Philippe Museum in Genf zu. Im Genfer Plainpalais-Viertel, im Haus Nr. 7 der Rue des Vieux-Grenadiers, beherbergt die Genfer Manufaktur ihre Schätze und präsentiert sie auf vier Stockwerken zu je 700 Quadratmeter. Amerikanischer Granit für die Böden, Steine aus der Provence für die Mauern, Alpenserpentin für die Friese, spanischer Marmor für Eingang und Treppen – alle Materialien wurden sorgfältig hinsichtlich ihrer Funktion und Farben ausgewählt. Zusammen mit den Stoffen und der Beleuchtung schaffen sie für die Präsentation der Uhren eine ruhige, inspirierende und entspannte Atmosphäre.

Die verwendeten Hölzer wurden nach besonderen Kriterien ausgesucht und sind ebenso selten wie edel. Für jedes Stockwerk wurden 1500 Quadratmeter Holzfurniere von einheitlicher Farbe und Maserung benötigt. Es finden vier Holzarten Verwendung: massive Eiche für die

*Zum 150-jährigen Jubiläum wurde die Calibre 89, eine der kompliziertesten mechanischen Uhren mit 33 Komplikationen und aus 1728 Teilen bestehend, gebaut. Fünf Jahre Entwicklungszeit und vier Jahre waren für die Herstellung notwendig.*

*Jahrhundertelang dominierte die Taschen-
uhr die individuelle Zeitanzeige. Die Uhr
war aber auch Schmuckstück und Prestigeobjekt. Im Patek Philippe Museum
werden solche Meisterwerke wie die
Repetitionsuhr mit biblischem Moses-
motiv oder eine Emailuhr mit Karte des
Ottomanenreichs präsentiert. Die Patek
Philippe Gondolo mit Kronenaufzug hat
eine, für Taschenuhren eher unüblich,
doppelte 24-Stunden-Anzeige.*

Möbelkonstruktionen, Eukalyptus für die
Vitrinen mit den alten Stücken der Sammlung, das seltene Platanenholz für die
Sammlung der Patek Philippe Uhren und
Weißeiche für die Bibliothek. Allein die
aufwendige Holzausstattung aus vielen
tausend Einzelteilen hat rund 40 Tischler

ein ganzes Jahr lang beschäftigt. Das
Haus selbst, als historisch bedeutsames
Gebäude, wurde bei den 1999 begonne-
nen Renovierungsarbeiten nur sanften
Eingriffen unterzogen.

Auf vier Stockwerken lädt das Patek Philippe Museum seine Besucher auf einen
Rundgang ein, der zwar im Erdgeschoss
beginnt, dann aber in den dritten und
zum zweiten Stock führt, um schließlich
auf der ersten Etage zu enden. Im Erdgeschoss befindet sich neben dem Empfang
auch eine Sammlung alter Werkzeuge,
das Uhrmacheratelier und das Audito-
rium, das Besucher zurückführt in die
Anfangsjahre der Uhrmacherei. Mit dem
Aufzug geht es dann in den dritten Stock,
der die Bibliothek und das Patek Philippe
Archiv beherbergt, das Kernstück von

*»Médaillon savonnette à tact«, so nennt sich diese Breguet Uhr, bei der sich die Stunden ertasten lassen.*

Sammlung und Museum. Über die Treppe hinab geht es zum zweiten Stock, der eine antike Uhrensammlung vom 16. bis zum 19. Jahrhundert beherbergt. Im ersten Stock befindet sich dann jener Bereich, der das Herz des Markenverliebten am höchsten schlagen lässt: die Patek Philippe Sammlung von 1839 bis heute. Die Taschenuhr existierte bereits seit fast 350 Jahren, als der polnische Graf Antoine Norbert de Patek und sein Landsmann François Czapek sich 1839 entschlossen, eine Uhrenmanufaktur zu gründen. Schon nach erstaunlich kurzer Zeit und nicht zuletzt durch die 1845 neu eingegangene Partnerschaft mit dem talentierten französischen Uhrmacher Adrien Philippe eilte dem Genfer Unternehmen ein exzellenter Ruf voraus, der sich über den Produktionszeitraum von über 160 Jahren kontinuierlich gesteigert hat. Die beiden Gründer und Namensstifter des Hauses Patek Philippe hatten einander gelobt, nur die besten und schönsten

*Das »Kreuz des heiligen Geist Ordens« ist eine der frühen Uhren aus dem 17. Jahrhundert (links).*
*Der Blick über den Genfer See zum Mont Blanc war ein beliebtes Motiv der Emaillekünstler. Hier eine Taschenuhr, die für den chinesischen Markt bestimmt war (rechts).*

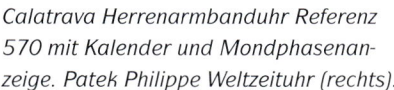

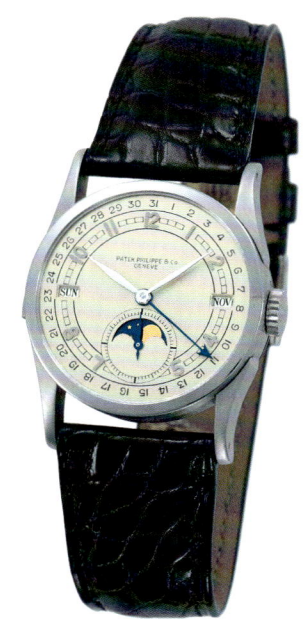

*Calatrava Herrenarmbanduhr Referenz 570 mit Kalender und Mondphasenanzeige. Patek Philippe Weltzeituhr (rechts).*

Uhren der Welt zu bauen. Ein stolzer Vorsatz, der sich damals in einer der ersten schlüssellosen Uhren der Manufaktur manifestierte.

Jetzt erzählt das Patek Philippe Museum anhand von über 1000 Uhren die Geschichte einer der wohl kreativsten Manufakturen unserer Zeit, deren technische und gestalterische Innovationskraft nach wie vor ungebrochen ist. Bei der Gestaltung der Uhren ist vom Jugendstil bis zum Art déco alles zu sehen, ebenso technische Besonderheiten wie die Weltzeituhren

oder spezielle Modellreihen wie die Calatrava Armbanduhren, die, 1932 erstmals präsentiert, sich in kürzester Zeit als Maßstab für uhrmacherische Eleganz etablierten. Allein die etwa 500 unterschiedlichen Armbanduhren begeistern Liebhaber der Marke, doch die Komplikationsuhren können dieses Erlebnis noch »toppen«. Sowohl der sagenumwobene New Yorker Bankier Henry Graves junior als auch der legendäre Automobilkonstrukteur James Ward Packard hatten Patek Philippe den Auftrag erteilt, eine nach dem Stand der Technik möglichst komplizierte Taschenuhr herzustellen. So entstanden in der Genfer Manufaktur im Abstand weniger Jahre die beiden kompliziertesten trag-

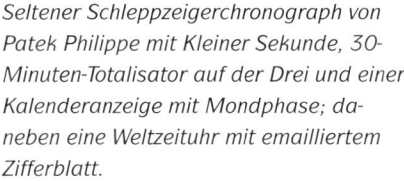

*Seltener Schleppzeigerchronograph von
Patek Philippe mit Kleiner Sekunde, 30-
Minuten-Totalisator auf der Drei und einer
Kalenderanzeige mit Mondphase; da-
neben eine Weltzeituhr mit emailliertem
Zifferblatt.*

baren Uhren der Welt. Die »Graves« wurde 1933 nach sechs Jahren Arbeit fertig-
gestellt und übertraf mit ihren 24 Komplikationen sogar die »Packard«-Uhr aus dem
Jahre 1916, die bereits 16 Komplikationen in einem Uhrwerk vereinte.
Die Sammlung, die solch eine Präsentation möglich macht, wurde von Alan Ban-
bery, einem persönlichen Berater von Philippe Stern, zusammengetragen.

Das Patek Philippe Museum ist für Einzel-
besucher und Gruppenführungen von
Dienstag bis Freitag von 14 bis 17 Uhr
und am Samstag vor 10 bis 17 Uhr geöffnet. Es lädt ein zu einer fantastischen Reise durch die Zeit, die bei der alten Dosen-
uhr (ca. 1530) beginnt und über den
beeindruckenden Automaten »Moses«
(ca. 1820) bis zur kompliziertesten
Taschenuhr der Welt führt (1989). Einziger Wermutstropfen: Es finden sich zu
wenig Uhren aus dem aktuellen Modell-
programm von Patek Philippe im Museum. Der Grund ist wahrscheinlich der,
dass viele Kunden weltweit verzweifelt auf
ihre Uhren warten und man sie daher kei-
nesfalls im Museum zeigen kann.

# Automuseen und Uhren – Die Montre Classic Collection

Uhren und Museen sind Anker. Sie helfen, der Geschwindigkeit in der Welt Herr zu werden. Bei Mercedes-Benz hat selbst das Museum Tradition. Schon 1923 gab es eine erste kleine Ausstellung historischer Fahrzeuge, und pünktlich zum 50-jährigen Jubiläum des Automobils – Karl Benz hatte es 1886 in Mannheim erfunden – wurde 1936 das erste richtige Museum eröffnet. Doch auch in Stuttgart tat sich einiges. Im Jahre 1883 schufen Gottlieb Daimler und Wilhelm Maybach mit der Erfindung des ersten schnell laufenden Benzinmotors die Grundvoraussetzung für die Mobilität von heute. Drei Jahre später, zeitgleich mit Benz, brachten auch diese beiden genialen Erfinder dem Automobil das Fahren bei. Und im Jahre 1904 wurde unweit des Ortes, wo diese Meilensteine der Geschichte entstanden, das Werk der Daimler Motorengesellschaft in Stuttgart-Untertürkheim gegründet. Das heutige und ab Mai 2006 das neue Mercedes-Benz Museum befinden sich also direkt an der Wiege des Automobils – könnte ein Standort passender sein als dieser?

Und was könnte passender sein für die Eröffnung eines solchen Museums als eine speziell dafür geschaffene Uhr? Die Montre Classic Chronograph No. 4 ist eine Fortsetzung der überaus erfolgrei-

*Bei der Montre No. 4 mit Großdatum und Chronograph ist das Band durch Schnellverschlüsse in den Hörnern der Uhr ohne Werkzeug zu tauschen.*

*Futuristisch und imposant gleichermaßen: das Mercedes-Benz Museum. Hier erlebt man Automobilgeschichte am Beispiel einer Marke.*

Form und Design
Form and design

chen Uhrenkreationen aus dem Hause Daimler und wie die Vorgänger nach ganz bestimmten Kriterien und Vorgaben entwickelt. Sportlichkeit und Tradition, verbunden mit der jeweils modernsten Technologie, waren stets die prägenden Merkmale der Montre Classic Collection für die Firma mit dem Stern.

Es ist nun schon das vierte Modell einer überaus erfolgreichen Uhrenserie aus dem Bereich Mercedes-Benz Classic. Alle diese Uhren sind entweder in Form eines Kühlers oder Kühlerverschlusses gestaltet. Auf der Lünette befindet sich der Lorbeer mit dem Schriftzug »Mercedes Benz«. Nummer 1 und 2 waren Chronographen, einmal mit einem Valjoux 7750, das andere Mal mit einem Lemania 1882 ausgestattet.

*Der Mythosraum 4, in dem die faszinierenden Supersportwagen der 1950er- und 1960er-Jahre wie der 300 SL Flügeltürer oder der 300 SL Roadster zu sehen sind.*

*Die Krone der Montre No. 4 greift die rote Variante des Mercedes Sterns auf wie die Daimler-Motoren-Gesellschaft ihn verwendete.*

Der neue Automatikchronograph ist mit einer veredelten Ausführung des exklusiven Kalibers von Dubois Dépraz 4500 ausgestattet. Eine sorgfältige Dekoration – eine sogenannte Genfer Perlierung – unterscheidet diese Ausführung zusammen mit einem Schwing- und Hemmungssystem feinster Qualität von dem Basiswerk.

Basiskaliber bei diesem Modulwerk ist das Eta 2892-2 mit 28 800 A/h und einer Gangreserve von 42 Stunden bei Vollaufzug. Das Großdatum befindet sich unterhalb der Zwölf. Der Totalisator für die 30-Minuten-Anzeige befindet sich auf der Neun, der für die 12-Stunden-Anzeige auf der Sechs. Die Kleine Sekunde befindet sich auf der Drei. Die Stundenzahlen sind appliziert (aufgesetzt) und so

ausgeführt, dass sie zusammen mit den mit Leuchtmasse ausgelegten Lanzenzeigern eine optimale Ablesbarkeit garantieren. Das Werk verfügt über einen Sekundenstopp, sodass sich die Zeit exakt einstellen lässt.

Die Scheiben für das Großdatum sind auf einer Ebene angeordnet, dennoch werden sie durch einen Steg getrennt, der nun die Aufgabe hat, die vorhandene Lücke zwischen den Scheiben zu verdecken. Der Schaltvorgang für das Datum nimmt um Mitternacht etwa eine Viertelstunde ein. Natürlich gibt es einen Schnellschaltmechanismus für das Datum, um die Uhr nach einer längeren Tragepause rasch stellen zu können. Ein Saphir-Glasfenster, das in Form des Grundrisses des neuen Mercedes-Benz Museums in den Schraubboden eingelassen ist, bietet Einblick auf Rotor und Werk, das mit einer Genfer Perlierung ansprechend dekoriert ist.

Die Uhr ist mit einem entspiegelten Saphirglas versehen. Ein weiterer Blickfang ist die Krone, die mit einem historischen Mercedes Stern in Rot verziert ist. Die Chronographendrücker sind rund ausgeführt. Ohne Werkzeug ist bei dieser Uhr der Bandwechsel möglich. Je zwei Drü-

cker an den Gehäusehörnern entriegeln das Band. So kann schnell von einem Lederband auf ein Stahlband gewechselt werden. Beide Varianten befinden sich im Lieferumfang der Uhr. Auf der Schließe des Metallbands befindet sich der Mercedes Stern eingeätzt. Die Dornenschließe des Lederbands ist einem alten Motorhaubenverschluss nachempfunden. Es gibt die Uhr in zwei Varianten als Set Classic und Set Sport, mit cremfarbenem Zifferblatt, schwarzen Totalisatoren, Datumsanzeige und schwarzem Zifferblatt mit weißen Anzeigen. Die Lünette ist bei der schwarzen Variante ebenfalls in Schwarz gehalten, der Schriftzug ist rot. Bei der hellen Variante sind Schriftzug und Lorbeerkranz graviert. Bei den schwarzen Kalbslederbändern sind beide korrespondierend zu den Lünetten einmal weiß und einmal rot abgenäht. Geliefert wird die Uhr in einem edlen schwarzen Klavierlackkasten.

Nur 333-mal wird es diese Uhr geben. Mithilfe der 30-Minuten- und 12-Stunden-Zähler hält die Montre Classic Chronograph No. 4 gestoppte Zeitintervalle präzise fest und zeigt außerdem in zwei nebeneinander laufenden Scheiben das Datum an.

Das ultimative Highlight dieser Uhr ist jedoch der Mechanismus zum Wechseln der Bänder. Innerhalb von Sekunden und ohne jedes Werkzeug kann man entweder ein Lederband oder auch ein Stahlband montieren.

*Montre No. 4 und No. 1. Chronographen als Botschafter des Mercedes-Benz Museums. No. 1 verfügt über ein Valjoux 7750, die No. 4 über ein Dubois Dépraz 4500 Modulkaliber.*

# Die IWC – Ein Unternehmen und Firmenmuseum in Schaffhausen

Als der amerikanische Uhrmacher und Ingenieur Florentine Ariosto Jones 1868 die erste und einzige Uhrenfabrik der Nordostschweiz gründete, tat er dies, um den expandierenden amerikanischen Markt mit hochwertigen Taschenuhren zu versorgen. Die Produktionsbedingungen in der Schweiz waren

*Die IWC Pallweber, eine rein mechanische Taschenuhr mit digitaler Anzeige von Stunden und Minuten.*
*Die Anfänge: das Fabrikgebäude der IWC um 1870 (unten).*

günstig, und so ließ er dort Uhrwerke produzieren, die dann in Amerika eingeschaltet wurden. Deshalb findet sich auf frühen Exemplaren auf der Brücke des Uhrwerks der Aufdruck »International Watch Co., New York«.

In Schaffhausen expandiert das neue Unternehmen. 1874/75 wird im ehemaligen Obstgarten des Klosters Allerheiligen ein neuer Fabrikbau errichtet, der noch heute Mittelpunkt der IWC ist. Im Frühjahr 1875 startet dann hier die Fertigung der Uhren. In diesem Jahr beschäftigte die IWC schon 196 Mitarbeiter. Die

*Das berühmte Kaliber Jones mit einem in Amerika gefertigten Gehäuse. Das Motiv stellt einen Mississippi-Raddampfer dar.*

Uhrmacher konnten mithilfe neuester Maschinen Taschenuhren fertigen. Doch die hohen Investitionskosten für Gebäude und Maschinen sorgen für Unstimmigkeiten zwischen den Aktionären der IWC und F. A. Jones. Als die Fertigung im neu-

en Stammsitz angelaufen ist, verlässt Jones die Schweiz und erlebt so nicht mehr mit, wie sich die IWC zur weltbekannten Uhrenmanufaktur entwickelte. Die Schaffhauser Handelsbank sorgt für eine notwendige Finanzspritze. Das

Unternehmen wird 1880 an den Schaffhausener Maschinenfabrikanten Johannes Rauschenbach-Vogel verkauft, der es an seinen Sohn weitervererbt. Dessen beide Töchter heiraten zwei Männer, die, jeder auf seine Art, Besonderes in ihrem Fach leisteten: der eine, C.G Jung, als Psychologe und Psychiater, der andere, Ernst Jacob Homberger, als Direktor und Miteigentümer der IWC. Jung verkauft seine Anteile 1929 an seinen Schwager. Der ist nun Alleineigentümer und vererbt das Unternehmen 1955 seinem Sohn Hans Ernst Homberger.

Als Familienunternehmen hört die IWC erst zu existieren auf, als sie 1978 an den Instrumentenhersteller VDO verkauft wird. Das Unternehmen hatte, wie viele der Branche, Hoffnungen in die Quarzuhr gesetzt. IWC war an der Entwicklung des Beta-21-Quarzwerks, das mit einer Frequenz von 8192 Hertz arbeitet, beteiligt. Die revolutionäre Technologie wird bei IWC in eine Uhr eingebaut, die den Namen des großen Genies Da Vinci trägt, galt doch die Ganggenauigkeit als oberste Maxime der Uhrmacherei. Doch bald darauf wurde auch für IWC der einstige Hoffnungsträger Quarztechnologie zum Schreckgespenst. Dem damaligen CEO und späteren Verwaltungsratspräsidenten Günther Blümlein ist es zu verdanken, dass es zu einer Rückbesinnung auf die traditionellen Werte der Uhrmacherei kam. IWC kam zugute, dass seit 1968 Uhrmacher kontinuierlich für

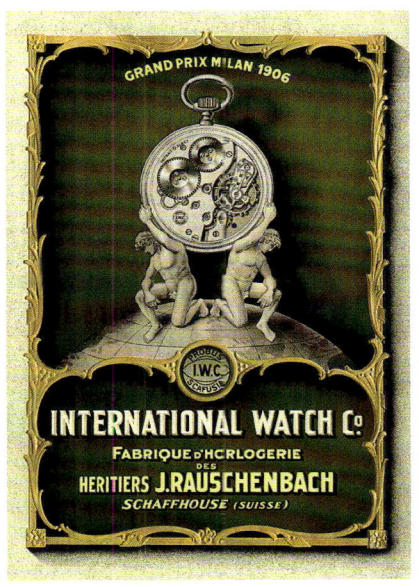

*Mit Preisen wurde intensiv geworben. Hier ein Plakat aus dem Jahre 1906; das Unternehmen gehörte zu diesem Zeitpunkt der Schweizer Familie Rauschenbach.*

mechanische Werke ausgebildet wurden. IWC positioniert sich in den 1980er-Jahren sowohl mit Design- und Taucheruhren, die von F. A. Porsche gestaltet wurden, als auch mit mechanischen Meisterstücken, die man zu relativ günstigen Preisen anbot. Ein Beispiel dafür ist der 1985 präsentierte Da Vinci Chronograph mit Ewigem Kalender, der mechanisch auf 500 Jahre programmiert ist. Dazu kommt die Korrekturfunktion ausschließlich über die Krone und die vierstellige Anzeige der

Jahreszahl. Ein Jahr später wird für diese revolutionäre Uhr ein Gehäuse aus Zyrkoniumoxid angeboten, eine absolut kratzfeste Keramik. Ein weiteres faszinierendes Modell ist die Novecento, eine rechteckige Automatikuhr mit Ewigem Kalender, bei der auch alle Funktionen über die Krone verstellt werden und die deshalb gänzlich ohne Korrekturdrücker auskommt. Die Uhr ist zudem wasserdicht, was für rechteckige Uhren bis dahin gänzlich ungewöhnlich ist. Es gibt sie in Platin und Gelbgold.

Aber das reicht dem Uhrmacher Blümlein noch lange nicht. 1990 kommt die Grande Complication fürs Handgelenk. Diese Automatikuhr verfügt neben dem Ewigen Kalender mit vierstelliger Jahresanzeige, einem Chronographen und Mondphasenanzeige auch über eine Minutenrepetition. Ganze sieben Jahre Entwicklungszeit brauchte man bei IWC für diese Uhr.

Zum 125-jährigen Firmenjubiläum entsteht eine ganz besondere Uhr mit dem martialischen Titel »Il Destriero Scafusia«. Neben einer außerordentlich schönen Werkveredelung erhält das »Streitross« aus Schaffhausen, zusätzlich zu den Komplikationen, über die schon die Grande Complication verfügt, auch noch einen Chronograph-Rattrapante. Nur 125 Stück werden von dieser Pretiose hergestellt. 1995 erhält dann auch die Da Vinci den zehnten Zeiger in Form des Rattrapante-Mechanismus.

Mit dem Portugieser Rattrapante präsentiert IWC eine klassische Uhr mit einer ebenso klassischen Komplikation, die es lohnt, einmal genauer betrachtet zu werden. Die Namensgebung verdankt die Uhr, die es auch in einer Dreizeigervariante ohne Komplikation sowie mit Schlagwerk gibt, der Bestellung des portugiesischen Vertreters, der diese Art der übergroßen Uhr Ende der 1930er-Jahre für seinen Heimatmarkt wollte. Die jetzigen Modelle sind eine historische Replik dieses ursprünglich mit einem Taschenuhrwerk ausgestatteten Modells. Hier sind wir also bei einer weiteren Besonderheit dieser Uhr. Sie ist mit einem Durchmesser von 44 mm extrem groß und auch nur entsprechend proportionierten Herren zu empfehlen. Denkbar ist allerdings auch, dass Damen diese übergroße Uhr als besonderen Modegag anlegen.

Die Machart des Gehäuses − polierte Lünette, Drücker und oberer Teil der Bandanstöße sowie ansonsten ein matter Strichschliff − erinnert stark an die Lange Uhren, die ja ebenso wie IWC und Jaeger-Le Coultre als Les Manufactures Horlogères SA (»LMH«) damals zum Mannesmann Konzern gehörten. Der Bodendeckel ist mit vier Schrauben befestigt und teilweise satiniert und poliert. Das Band mit einer Breite von 20 mm besteht aus durchgefärbtem Krokoleder. Es wird, ebenso wie die sehr schön gemachte Schließe, mit IWC Schriftzug via Federstege befestigt. Das Zifferblatt ist versilbert,

die Zeiger für die Zeitanzeige sind vergoldet, die für die Chronographenfunktion gebläut. Die Stundenindexe sind als goldene Punkte aufgebracht, die Zahlen, ebenfalls in Gold, sind arabische Ziffern. Die Anzeige der Sekunden erfolgt in Form einer erhöhten Lünette durch schwarze Zahlen und Indexe. Die Kleine Sekunde befindet sich auf der Sechs, der Totalisator, der bis zu 30 Minuten zählt, befindet sich auf der Zwölf. Die Anordnung der Drücker entspricht dem üblichen Addi-

*Die große Fliegeruhr aus dem Jahre 1940 mit dem Kaliber 52 T.S.C. war eine der mächtigsten bei IWC gebauten Armbanduhren. Sie verfügte noch über ein originales Taschenuhrwerk.*

tionsstopper, lediglich der dritte Drücker bei der Zehn zeigt, dass diese Uhr noch mehr kann. Wird der Stoppvorgang eingeleitet und dieser Drücker betätigt, teilt sich der Sekundenzeiger wie von Geisterhand. So können Zwischenzeiten inner-

*Das IWC Museum zeigt sowohl die Produkt- als auch die Unternehmensgeschichte. Es ist im denkmalgeschützten Stammhaus untergebracht. Im Westflügel werden die ersten 100 Jahre der IWC Geschichte dokumentiert.*

halb einer Minute mühelos abgelesen werden, während der eigentliche Messvorgang nicht unterbrochen wird. Bei erneuter Betätigung des Drückers springt der Rattrapante-Zeiger wieder über den Sekundenzeiger und läuft mit diesem deckungsgleich weiter. Dieser Vorgang kann beliebig wiederholt werden. Ansonsten funktioniert der Chronograph

wie gehabt. Das Werk mit der IWC-internen Kaliberbezeichnung 35433, das all dies ermöglicht, basiert auf dem bewährten Valjoux Kaliber 7760. Das 7760 ist die zur Handaufzugsversion umgewandelte Variante des 7750, des zur Zeit meist verbauten automatischen Chronographenwerks. IWC hat dieses Werk allerdings nachhaltig überarbeitet. Neben der Vergoldung und den verschiedenen Schliffen gibt es sich vor allem durch die Anordnung des Rattrapante-Mechanismus als traditionell und damit hochwertig konzipiert aus. Während viele Hersteller bei Rattrapante-Versionen einen Einzangenmechanismus unsichtbar unter das Zifferblatt legen, bietet IWC eine wunderschöne Doppelzangenkonstruktion auf der Rückseite des Werkes.

Nach dem Auslaufen des Vertrages mit F. A. Porsche Design präsentierte IWC mit der GST Linie eine eigene Sportuhrenserie, in der es nun auch so mechanische Highlights wie einen Chronograph Rattrapante oder einen Ewigen Kalender gab und die den gleichen Belastungen trotzen wie die normalen Uhren dieser Serie, die lediglich über ein Chronographenwerk verfügen. In dieser Reihe erscheint dann auch 1999 die GST Deep One, die über einen integrierten mechanischen Tiefenmesser verfügt. Schon 1994 hatte man mit der Mark XII die Tradition der Fliegeruhr fortgesetzt. Ganz in Anlehnung an die legendäre Mark 11 aus dem Jahre 1948 gab es nun wieder die typische IWC Fliegeruhr, die vier Jahre später dann noch einmal eine Ergänzung durch die Fliegeruhr UTC mit verstellbarer Stundenanzeige sowie einer 24-Stunden-Anzeige erfuhr. Im Jahre 2000, als die IWC wie auch Jaeger-LeCoultre und A. Lange & Söhne von Richemont übernommen

*Eine fast sakrale Anmutung bei der Präsentation der Artefakte wird durch die Lichtführung in den Vitrinen erreicht. Die beiden Flügelräume, die sich links und rechts von der Empfangslobby erstrecken, strahlen einen metropolitanen Loungespirit aus, der gut zur Marke passt.*

*Das Archiv und exemplarische Dokumente sind in einem kleinen Loungebereich direkt hinter dem Eingang präsent und belegen die dokumentarisch unterlegte Kompetenz des musealen Auftritts.*

wurden, stellte man, dem Trend zur großen Uhr entsprechend, das Kaliber 5000
vor, das mit Pellaton-Aufzug eine Gangreserve von sieben Tagen erreicht. Es
dient zum Antrieb der Portugieser als
auch der großen Fliegeruhr.
Bei allen neuen Produkten und bei aller
Aufbruchstimmung, die bei IWC herrscht,
ist man sich dennoch bewusst, dass
Zukunft Herkunft braucht und nur der im
Markt für mechanische Zeitmesser erfolgreich ist, der dem Konsumenten seine
Geschichte erzählen kann. IWC muss sei-

ne Geschichte nicht erfinden – sie hat sie.
Schon 1993 hatte IWC im Rahmen der
Aktivitäten anlässlich des 125-jährigen
Jubiläums ein eigenes kleines, aber erle-
senes Museum im Dachgeschoss des
denkmalgeschützten Stammhauses ein-
gerichtet. Besondere Besucher bekamen
dort zum Teil noch nie gesehene erlesene
Sammlerstücke kredenzt. Dennoch war
die Tradition der Marke und seiner Produkte immer noch zu sehr versteckt. Das
änderte sich schlagartig im Jahre 2007.
IWC eröffnete ein gänzlich neu konzipier-
tes Museum in den Räumen des ehemaligen Hauptgebäudes. Dort wird im Erdgeschoss in lichtdurchfluteten Räumen
die Produkt- und Unternehmensgeschichte der IWC professionell und sympathisch
präsentiert. Hochwertige Metalle, edle

Hölzer, weißes Leder und Glas, dazu eine raffinierte Lichtinszenierung schaffen eine Atmosphäre, die jene Wertigkeit vermittelt, die der Kunde und Besucher von der IWC erwartet.

Die Geschichte der Uhr wird ausschließlich am Beispiel von IWC Uhren erzählt. Es sind so illustre Stücke zu sehen wie ein Kaliber Jones aus dem Jahre 1874 und ein Kaliber Pallweber mit einer digitalen Anzeige von Stunden und Minuten, beides Taschenuhren, oder eine der ersten Armbanduhren von IWC aus dem Jahre 1899. Die Ur-Portugieser von 1939 ist ebenso zu sehen wie die ersten Fliegeruhren oder die goldene Portofino mit Mondphasenanzeige von 1984.

Dieser durch die museale Inszenierung deutlich gewordene Wirkungszusammenhang von Gestern, Heute und Morgen beflügelte dann auch die Produktgestalter, die zum 140. Geburtstag der IWC eine Vintage-Kollektion präsentierten. In der Platinausführung gibt es diese in einer Auflage von 140 Stück, sozusagen das IWC Museum im Koffer zum Mit-nach-Hause-nehmen. Zu dieser Kollektion gehören die Fliegeruhr mit Handaufzug, ebenfalls mit demselben Kaliber die Portugieser-Uhr und die Portofino mit Mondphase, während Aquatimer, Da Vinci und Ingenieur automatisch angetrieben werden. Doch zurück zum Museum. Im Westflügel werden dem Besucher die ersten 100 Jahre der Produkt- und Firmengeschichte nähergebracht. Die Wände sind mit Vitri-

nen mit liebevoll arrangierten Artefakten versehen. In der Mitte des Raumes können in einer Zentralvitrine per Rändelrad die Stationen der Unternehmensgeschichte der IWC abgerufen werden. Im gegenüberliegenden Ostflügel, unterbrochen durch einen Mittelbau, in dem man Artefakte aus dem Archiv präsentiert, werden IWC Uhren ab 1967 in der Inszenierung der jeweiligen Erlebniswelten dargeboten.

Aber zur gekonnten Traditionspflege gehört natürlich mehr als nur die pompöse Präsentation nach außen. Wer seine Geschichte glaubwürdig und kompetent präsentieren will, muss über ein entsprechendes Archiv verfügen. Auch hier hat man in Schaffhausen ganze Arbeit geleistet. Ein Unternehmensarchiv und die wissenschaftliche Aufarbeitung der eigenen Produkt- und Unternehmensgeschichte gehören mit zur kompetenten Gesamtlösung in Sachen Tradition. Die Geschichte der IWC Kaliber und Uhren wird akribisch dokumentiert und elektronisch bereitgestellt. Mit der neuen, tonneauförmigen Da Vinci mit ihrem raffinierten Chronographenmechanismus präsentiert die IWC 2007 ein vollständig neu entwickeltes Manufakturkaliber − ein Schaltradchronograph mit automatischem Aufzug. Als Sonderserie »Edition Kurt Klaus« wird sie zudem als Hommage an den langjährigen IWC Chefkonstrukteur und geistigen Vater der Da Vinci zusätzlich mit Ewigem Kalender gebaut.

# Von Alpha bis Omega – Das Omega Museum

Eine der Kernmarken der Swatch Group ist Omega, ein Unternehmen, das jahrzehntelang das Aushängeschild der Schweizer Uhrenindustrie war. Omega – das waren präzise Chronometer, die mehr Observatoriumspreise einheimsten als viele Konkurrenten. Und es war seit Beginn des 20. Jahrhunderts gerade die Sportzeitmessung, die das Unternehmen populär machte. Ob beim Gordon Bennett-Ballonwettflug 1906 in Zürich oder bei den Olympischen Spielen (erstmalig ab 1932 in Los Angeles) – Omega war der Zeitnehmer.

Omega als Markenname entsprang der Überlegung, einen unverwechselbaren, das Anliegen der Produkte symbolisierenden Namen zu finden. Omega, dieser letzte Buchstabe des griechischen Alphabets, stand immer für Vollkommenheit. Genau dies sollte die Botschaft nun sein. Louis Brand, der Gründer des Unternehmens, sollte diese Namensgebung nicht mehr erleben. Er hatte seit 1848 unter seinem Namen in La Chaux-de-Fonds (Kanton Neuenburg) zugekaufte Werke eingeschalt. Nach seinem Tod

1879 verlagern seine beiden Söhne Louis-Paul und Caesar Brand das Unternehmen nach Biehl und bauen es dort zur Manufaktur mit eigener Werkherstellung aus. Die Brüder sind es auch, die 1894 den Markennamen Omega etablieren. Zuvor hatten die Uhren Produktnamen wie Helvetia, Jura, Patria, Celtic, Gurzelen oder Labrador. Letztere Uhr war mit dem ersten Großserienkaliber versehen, das es immerhin auf eine Ganggenauigkeit von 30 Sekunden am

LA MONTRE **OMEGA**
· PAR HELLEU ·

*Eine typische silberne Omega Armbanduhr aus den 1920er-Jahren; die Dame auf dem Plakat trägt die Uhr noch an der Kette um den Hals.*

Tag brachte. 1898 produzierte die Firma Louis Brand & Frères mit ca. 500 Mitarbeitern 100 000 Uhren im Jahr.

Relativ früh erkannte Nicolas G. Hayek die Bedeutung der Tradition für die Marke Omega, die durch eine inflationäre Produktions- und Vertriebspolitik ihren fast 100 Jahre gewachsenen Nimbus Ende der 1970er-Jahre ziemlich heruntergewirtschaftet hatte. Um dem gegenzusteuern, wurde als eine Maßnahme im Dezember 1983 das Omega Museum eröffnet. Hier werden aus der Sammlungsfülle von ca. 4000 Exponaten Uhren, Uhrwerke, Penduletten, Apparate, Werkzeuge, Fotos, Gravierungen und Ehrenauszeichnungen präsentiert.

Dazu gehört auch der Werktisch des Firmengründers Brand mit Arbeitslampe. Natürlich liegt der Schwerpunkt auf der Präsentation der historischen Omega

*Präzise Chronometer, schon zur Zeit der Taschenuhren, waren das Markenzeichen von Omega. Teuflisch gut und genau, suggeriert das Werbeplakat (rechts).*

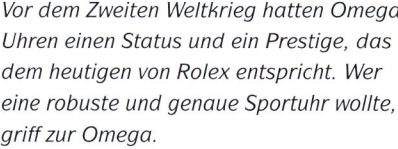

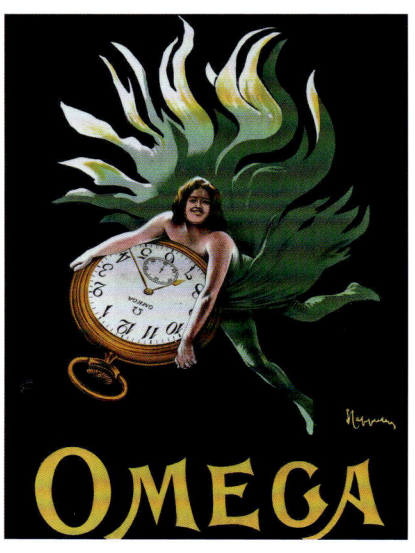

*Vor dem Zweiten Weltkrieg hatten Omega Uhren einen Status und ein Prestige, das dem heutigen von Rolex entspricht. Wer eine robuste und genaue Sportuhr wollte, griff zur Omega.*

Uhren. Neben Taschenuhren wie den im 19. Jahrhundert beliebten Zeitvertreibuhren mit Vorrichtungen, mit denen sich Roulette oder Pferderennen in Gang setzen ließen, sind auch extravagante Stücke zu sehen. Als Beispiel sei der »Griechische Tempel« genannt, eine reich verzierte goldene Taschenuhr und eine der ersten in Serie gefertigten Armbanduhren der Welt, die auf der Weltausstellung 1900 in Paris den Großen Preis erhielt. Martialisch geht es bei der Präsentation verschiedener Militäruhren zu.

Aber es ist auch ein so interessantes Stück wie der noch heute modern anmutende Chronograph in Taschenuhrgröße zu sehen, damals von Lawrence von Arabien getragen. Natürlich wird auch das Thema Olympische Spiele und das Engagement von Omega in Sachen Zeitnahme ausführlich gewürdigt. So wird der Taschenchronograph, mit dem die Zeitnahme bei Olympia begann, gezeigt. Dazu gehört auch die erste Zielkamera aus dem Jahre 1949. Mit der Omega Marine findet sich eine der ersten Taucheruhren der Welt.

Der kleine Schritt für einen Menschen und der große für die Menschheit, den am 19. Juli 1969 der Kommandant von Apollo 11, Neil Armstrong, vollzog, erfolgte mit einer Omega Speedmaster

Das Militär trug nachhaltig dazu bei, dass sich die Armbanduhr durchsetzte. Hier zwei Varianten. Bei der rechten ist das Glas mit einem Blechgitter geschützt.

am Arm. Daher kann das Unternehmen getrost damit werben, dass die Speedmaster die einzige Uhr ist, die auf dem Mond getragen wurde. Seit 1963 ist dieses Modell offizieller Zeitmesser der amerikanischen Astronauten und seit 1975 auch der russischen. Die Auswahl der Uhr war eher zufällig erfolgt. Die

NASA schickte einen Mitarbeiter in die Uhrengeschäfte von Houston, der brachte allerlei Handaufzugschronographen

mit. Zunächst einer ausgeklügelten Testserie unterzogen, stand am Ende die Speedmaster Professional als Sieger fest. Der 1969 bis 1972 verwendete Raumanzug der amerikanischen Astronauten findet sich ebenso wie eine Kommandokonsole aus dem großen Kontrollsaal des Weltraumzentrums in Houston aus der Zeit der Mercury-, Gemini- und Apollo-Missionen. Darüber hinaus werden dem interessierten Publikum Hightech-Quarzentwicklungen gezeigt, etwa der Omega Marine-Chronometer von 1974, die genaueste jemals produzierte Quarzarmbanduhr.

Die wichtigsten von Omega aktuell angebotenen Modelllinien sind die Constellation, die Speedmaster (first watch worn on the moon), die Seamaster und als elegante Ergänzung die Serie De Ville. Diese Serien umfassen sowohl Automatik- als auch Handaufzugsuhren, daneben Uhren mit Quarzwerken.

Dass sich Omega an den erfolgreichen Modellen der Vergangenheit orientiert, belegt eine Uhr wie der Handaufzugschronograph der Baureihe De Ville. Diese Uhr ist wie ihre Vorgänger minimalistisch und traditionell konzipiert. Die

*Omega Uhren aus der Museumsedition, die historischen Vorbildern nachempfunden sind: Fliegeruhr, Chronograph, Kalenderuhr oder eine elegante Tonneau-Uhr in Rotgold präsentieren klassisches Design mit moderner Technik.*

Form erinnert an die 1950er-Jahre. Man ist versucht, von Retrodesign zu sprechen. Schon damals hatte Omega mit der Seamaster ein ähnliches Modell im Programm. Aber auch die Serie De Ville gab es schon einmal in den 1970er-Jahren – sogar mit dem gleichen Werk versehen, allerdings ohne Stundentotalisator. Die Neuausführung hat Dauphine-Zeiger, auch bei den Hilfszifferblättern aufgesetzte Stabindexe aus Gold; das Zifferblatt ist versilbert und mit Rayons de Soleil versehen. Die Totalisatoren für die Chronographerfunktion befinden sich auf der Drei und der Sechs. Sie zählen Stunden und Minuten. Auf der Neun befindet sich die Kleine Sekunde.

Schon diese Anordnung in Verbindung mit dem Handaufzug verrät das Werk, das ebenfalls aus einer Werkfabrikation der Swatch Group stammt. Es ist ein Lemania 1873-Kaliber mit 18 Lagersteinen, 21 600 Halbschwingungen und einer Gangreserve von 45 Stunden. Das Werk hat einen Durchmesser von 27,5 Millimetern (entspricht 12 Linien) und eine Höhe von 6,9 Millimetern. Es ist mit einer Nivarox-Flachspirale mit Feineinstellung ausgerüstet. Die Platine ist perliert, die Brücken sind mit einem Genfer Streifenschliff versehen. Eigentlich schade, dass diese Uhr keinen Glasboden hat, denn das Werk eignet sich zur täglichen Betrachtung.

Omega überarbeitet dieses auch in der Speedmaster Professional eingesetzte

Werk und vergibt eine eigene Kaliberbezeichnung: Omega 861. Das ist heute gängige Praxis, auch bei jenen Herstellern, die den zehnfachen Preis verlangen. Auf der Suche nach diesem über Kulissen geschalteten Chronographenwerk befindliche Mechanikliebhaber kommen bei der De Ville in Sachen Preis-Wert-Verhältnis auf ihre Kosten. Die Uhr gibt es wie alle Omegas nur noch in den reinen Metallen Stahl oder Gold oder deren Kombination. Vergoldungen sind bei Omega seit 1989 passé.

Positiv beeinflusst wird das Trageverhalten auch durch das mittelgroße Gehäuse mit 36,1 Millimetern Durchmesser und 11,4 Millimetern Höhe sowie das geringe Gesamtgewicht von 55 Gramm. Neben der Lünette sind Krone und Drücker aus Gold. Die Drücker haben einen klar bestimmbaren Druckpunkt und erfordern einen gewissen Krafteinsatz. Doch sie sind gut zu bedienen, was gerade bei einer Handaufzugsuhr wichtig ist. Hierbei ist die Haptik ausschlaggebend – die De Ville vermittelt das Gefühl, ein solides Time piece am Arm zu tragen. Zifferblatt, Zeiger und Werk sind exakt montiert. Die Gangergebnisse dieses Omega Modells sind mit plus 4 Sekunden am Tag sehr gut; sie hängen aber nicht zuletzt, wie bei den meisten Handaufzugsuhren, vom regelmäßigen Aufziehen ab.

Der Bodendeckel ist nur gedrückt und nicht verschraubt. Dennoch ist die Uhr wasserdicht bis drei Atmosphären, sie wäre also durchaus zum Schwimmen geeignet. Der Bodendeckel ist mit einem Strichschliff versehen und trägt die Seriennummer der Uhr und das Markensymbol.

Wer einen Chronographen sucht, der vom martialischen Habitus einer Breitling oder Rolex abweicht, findet in der Omega De Ville eine interessante Alternative. Eine Uhr, die gut unter der Hemdmanschette verschwindet und nicht dick aufträgt.

Omega hat technisch viel Neues zu bieten, wie die von George Daniels entwickelte Koaxialhemmung. Diese Hemmung verbindet die Vorteile der Ankerhemmung mit denen der Chronometerhemmung, wie die weitgehende Unabhängigkeit von Schmierung. Sowohl in seinen Chronometern als auch in den Chronographen verbaut Omega diese Hemmung und setzt damit erneut einen Trend. So gibt es den De Ville Chronometer mittlerweile denn auch mit automatischem Werk und der Koaxialhemmung. Auch diese Revolution aus dem Jahre 1999 präsentiert das Museum, dessen Besuch für jeden Uhrenfreund und natürlich ganz besonders für die Anhänger der Marke ein Muss ist.

*»Der auch ...«. John F. Kennedy, seines Zeichens amerikanischer Präsident, trug diese rechteckige Omega.*

# Marken

## An der Spitze gibt es nur einen – Patek Philippe, die Uhrenmanufaktur

Keine andere Uhrenmarke erzielt bei Auktionen höhere Preise für ihre historischen Modelle als Patek Philippe: allein über 4 Millionen Dollar für die Referenz 1415, eine Weltzeituhr von 1946 im Platingehäuse. Kein Unternehmen verströmt einen solchen Nimbus, der sich aus handwerklicher Kompetenz und Geschichte speist. Im heiß umkämpften Markt für mechanische Zeitmesser ist Patek Philippe die absolute Ausnahmeerscheinung. Scheinbar unberührt von allen Konjunkturen, werden die Uhren eher verteilt als verkauft. Mittlerweile gibt es einige Hersteller, die sich mit dem Zusatz »Meister der Komplikationen« schmücken. In Wahrheit gibt es nur wenige, die sich im Ansatz mit der Genfer Manufaktur

*Eine überdimensional stilisierte Spiralfeder symbolisiert den Manufakturgedanken und das Bekenntnis zur mechanischen Uhr vor dem neuen Fabrikgebäude von Patek Philippe.*

messen können. Das Bemühen um Qualität in Kombination mit einer extremen Fertigungstiefe geben den Uhren einen ganz eigenen Flair.

Dem war aber nicht immer so. Auch Patek Philippe war vom Quarzschock betroffen. Der damalige Chef Henri Stern glaubte zu diesem Zeitpunkt fest an die elektronische Uhr. Für ihn war die Ganggenauigkeit primäres Gütesiegel einer hochpreisigen Uhr, und da konnte die traditionelle mechanische Uhr ihrem Quarzpendant nicht das Wasser reichen. Ebenso wie Rolex begann man ab 1956, eigene hochwertige Quarzwerke zu produzieren und in die Herren- und Damenuhren einzuschalen. Dabei vernachlässigte das Unternehmen die mechanische Uhr nicht, was sich in der Folge als segensreich herausstellen sollte.

Als Mitte der 1980er-Jahre der Mechanikboom begann, wurde das Genfer Unternehmen zur Ikone der mechanischen Uhrenherstellung. Die anlässlich des 150.

*Am 1. Januar 1851 erscheint der Firmenname Patek Philippe & Co. Das erste Firmengebäude am Ufer des Genfer Sees.*

mit der Angabe der Sonnenzeit, der Äquation von Sonnenauf- und -untergang, das Datum des Osterfestes und der Sternzeichen. Von vorn betrachtet informiert sie den Besitzer via retrograder Anzeige über das Datum, und natürlich zeigt der Ewige Kalender auch die Jahreszahl mit dem Schaltjahr an. Über 24 Zeiger und 12 Hilfszifferblätter können die Informationen abgelesen werden. Ein Chronograph Rattrapante, eine Temperaturanzeige, ein Wecker und ein selbstständig agierendes wie auch abrufbares Schlagwerk komplettieren dieses mechanische Wunderwerk, das aus 1728 Einzelteilen besteht und über 33 Komplikationen verfügt, mit dem Patek Philippe neue Maßstäbe in der Uhrmacherei setzte. Auch der Umstand, dass diese Uhr als Taschenuhr präsentiert wurde, war ein Bekenntnis zu den traditionellen Werten der Uhrmacherei: eine gelungene Würdigung des Unternehmensjubiläums und überdies eine gute PR.

Alles hatte am 1. Mai 1839 in Genf begonnen, als der Uhrmacher François Czapek und der Geschäftsmann Antoine Norbert Graf de Patek, beide polnische Emigranten, die Firma »Patek, Czapek & Co.« gründen. Schon nach kurzer Zeit trennte sich Patek von seinem Partner und ging eine neue Liaison mit dem französischen Uhrmacher Jean-Adrien Philippe ein, der den Kronenaufzug in die Uhrmacherei eingeführt hatte. Bis dahin hatte es eines Schlüssels bedurft, um die Uhr aufzuziehen. 1844 wird die erste Uhr

Geburtstags der Marke in Auftrag gegebene Calibre 89 tat ein Übriges, diesen Ruf zu untermauern. Diese Uhr zeigt auf der Rückseite den Sternenhimmel von Genf

mit Kronenaufzug und Zeigerstellung an der Krone produziert. Ein Jahr später erfolgt die Umbenennung des Unternehmens in »Patek & Co.«. Im gleichen Jahr wird die erste Uhr mit Minutenrepetition gefertigt. 1851 gibt es eine weitere Namensänderung der Firma, die bis in unsere Tage Bestand haben soll: »Patek Philippe & Co.«.

Komplizierte mechanische Uhren sind von Anfang an die Domäne des Genfer Unternehmens. 1902 präsentiert man einen Doppelchronographen, 1909 die »Duc de Regla«, eine Uhr mit kleinem und großem Schlagwerk, die das Westminster-Glockenspiel ertönen lässt; und 1916 ent-

steht sogar eine zierliche Damenarmbanduhr mit Fünfminutenrepetition. Schon 1868 hatte Patek Philippe eine Armbanduhr für die ungarische Gräfin Koscowicz gefertigt und kann damit für sich beanspruchen, die erste Schweizer Armbanduhr gefertigt zu haben. Ab 1927 bietet Patek Philippe auch die Komplikation als Armbanduhr, die das Erkennungsmerkmal eines tempobegeisterten Jahr-

*Neben dem Museum ist auch das alte Stammhaus noch heute für Repräsentationszwecke in Betrieb und lohnt einen Besuch, wenn man den Spuren der Manufaktur durch Genf folgt.*

*Die Referenz 5002: das Sky Moon Tourbillon in Gold und Platin – eine der kompliziertesten Armbanduhren der Welt. Neben den Komplikationen wie Ewiger Kalender, Minutenrepetition, Tourbillon und Mondphase lassen sich auf der Rückseite Sternzeit, Sternkarte und die Phasen und Winkelbewegung des Mondes ablesen.*

hunderts ist: der Chronograph. Schon zwei Jahre zuvor hatte man die weltweit erste Armbanduhr mit Ewigem Kalender produziert. Doch aller Innovationen und exzellenten Produkte zum Trotz geht

die Weltwirtschaftskrise nicht spurlos an dem Traditionsunternehmen vorbei. Es bedarf neuen Kapitals. Seit 1901 ist die »Ancienne Manufacture d'Horlogerie Patek Philippe & Cie. S.A.« eine Aktiengesellschaft. Die Brüder Charles und Jean Stern, bislang die Zifferblattfabrikanten für Patek Philippe, übernehmen 1931 die Aktienmehrheit. Nunmehr in der vierten Generation, führt Familie Stern das Unternehmen geschickt und klug jenseits aller Konjunkturen und Modeerscheinungen. Unter der Ägide dieser Familie wird 1932 die Modellserie Calatrava präsentiert. Das Calatrava-Kreuz, Zeichen des vom Abt Raimondo 1158 in der Stadt Calatrava gegründeten Ritterordens, wird sogar zum Firmensymbol des Unternehmens. Ähnlich wie auch Rolex setzt man auf die Kontinuität von Modellfamilien, die einen Bauzeitraum von mehreren Jahrzehnten haben. So auch die 1968 erstmalig präsentierte Ellipse d'Or mit gebläutem Goldzifferblatt und elliptischem Gehäuse, die zum Erkennungszeichen des modischen Jetset avancierte. Mit der Nautilus, einer von Gérald Genta entworfenen Sportuhr, deren Lünette einem Bullauge nachempfunden war, wurde 1976 eine wasserdichte und sporttaugliche Stahluhr präsentiert. Mit einer Wasserdichtigkeit von 120 Metern Tiefe war dies eine alltagstaugliche Stahluhr, die zu jedem Anlass getragen werden konnte. Und so warb man auch: »They work as well with a wet suit as they do with a dinner suit« (Passt ebensogut zum Neoprenanzug wie zum Smoking). Mit dem hohen Preis kokettierte man in der Werbung: »Eine der teuersten Uhren der Welt ist aus Stahl«, so die Headline einer Anzeige.

Mit der Referenz 5980/1A liegt heute eine mit 44 mm für Patek Philippe Verhältnisse ungewöhnlich große Uhr aus der Nautilus-Familie vor. Das Herzstück der Uhr ist das erste hauseigene Chronographenwerk des Unternehmens, das durch einen Saphirglasboden bewundert werden kann. Dieses Schaltrad-Chronographenkaliber verfügt über eine Flyback-Funktion und eine Gangreserve von 55 Stunden. Die Anzeigen des Chronographen von Minuten und Stunden sind in einem Totalisator zusammengefasst.

1993 wird die neue Gondolo-Kollektion präsentiert, die über eine an das Art déco angelehnte Rechteck- oder Tonneau-Form verfügt. Die Werkvarianten reichen von der Dreizeigeruhr bis zum Ewigen Kalender. Im Jahre 2000 setzt man mit der Star Kaliber 2000 die Tradition der hoch komplizierten Taschenuhr fort. Auch bei dieser Uhr handelt es sich wie beim Kaliber 89 um eine doppelseitige Taschenuhr mit 21 Komplikationen.

Ein Jahr später wird mit dem Sky Moon Tourbillon Vergleichbares fürs Handgelenk offeriert. Auch hier eine doppelseitige Uhr, die erste für den Arm von Patek Philippe, die auf der Vorderseite neben der Uhrzeit die mittlere Sonnenzeit, das Ewige Kalendarium mit Schaltjahresindikati-

on und Mondalter darstellt. Vom Arm genommen und umgedreht, zeigt die Referenz 5002 den nördlichen Nachthimmel, Phasen und Winkelbewegungen des Mondes und die Sternzeit. Schlagwerk und Tourbillon tun ein Übriges, die Komplexität dieses miniaturisierten Wunderwerks zu erhöhen. Wie im Übrigen alle mechanischen Uhrwerke von Patek Philippe, verfügt auch diese Referenz über das Poinçon de Genève (Genfer Siegel), das nur an besonders hochwertig gefertigte Uhren verliehen wird.

Man fühlt sich bei Patek Philippe der mechanischen Uhr und den damit verbundenen traditionellen Herstellungsmethoden verbunden, gleichzeitig aber sucht man nach neuen Wegen. 2005 präsentierte das Advanced Research Team des Unternehmens erstmalig eine Uhr mit reibungsarmem Silicium-Ankerrad.

In dem großen Konzentrationsprozess in der Uhrenindustrie ist Patek Philippe eine der wenigen noch unabhängigen Uhrenmanufakturen. Dass dies so bleibt, ist Familie Sterns erklärtes Ziel. Wer immer sich für eine Patek Philippe begeistert, befindet sich in guter Gesellschaft. Queen Victoria trug sie ebenso wie Richard Wagner, Pjotr Iljitsch Tschaikowski, Rudyard Kipling, Leo Tolstoi und auch jener Mann, der die Relativität der Zeit enthüllte: Albert Einstein.

# Maurice Lacroix – Der Weg zur Manufaktur

Wo sich Marken mit ihrer 100-jährigen Geschichte präsentieren, hat es ein Newcomer nicht leicht. Dennoch hat es die junge Marke Maurice Lacroix geschafft, sich heute neben etablierten Marken zu positionieren. Einst hervorgegangen aus dem über 100 Jahre alten Züricher Handelshaus Desco von Schulthess, begann mit der Gründung eines Assemblagebetriebes im Jahre 1961 die Erfolgsstory der erstmals 1975 präsentierten Marke Maurice Lacroix. Die Produktpalette reichte von Quarzuhren bis hin zu mechanischen Besonderheiten in einem außerordentlichen Preis-Leistungs-Verhältnis. Uhren wie der Armbandwecker mit dem Basiskaliber AS 5008 oder Chronographen mit dem Werk Venus 188 gelten heute als Sammlerstücke.

Einen weiteren Meilenstein setzte die Marke 1989 mit der Übernahme der Gehäusefabrik Queloz in Saignelégier, wo noch heute hoch komplizierte Uhrengehäuse gefertigt werden. 1993 erforderte das stetige Wachstum des deutschen Marktes einen Umzug der in Pforzheim ansässigen deutschen Tochtergesellschaft in ein repräsentatives Firmengebäude.

*Die Interpretation einer GMT-Uhr von Maurice Lacroix mit zusätzlichem Großdatum.*

Durch das Angebot hochwertiger mechanischer Komplikationen zu erschwinglichen Preisen trug die Marke maßgeblich zur Renaissance mechanischer Uhren bei. Highlight der damaligen Les Mécaniques-Serie war der Handaufzugschronograph in Gold mit einem alten Valjoux-7736-Werk. Bereits seit mehreren Jahren konzentriert sich Maurice Lacroix darauf, für die exklusiven mechanischen Meisterstücke attraktive und innovative Zusatzfunktionen zu entwickeln. Damit war der gedankliche Grundstein für die künftige Topkollektion gelegt, die bald den Namen »Masterpiece Collection« erhielt.

Mit dem neuen Kaliber ML 106 geht Maurice Lacroix noch einen Schritt weiter. Wurden bisher wertvolle Werke vergangener Epochen überarbeitet und in passende Gehäuse eingebaut, so ist mit dieser Neukonstruktion eines klassischen mechanischen Handaufzugschronographen der Schritt zur Manufaktur vollzogen. Das traditionelle Thema des Chronographen, dessen technische Rahmenbedingungen seit 1862 bekannt sind, wurde von Maurice Lacroix Konstrukteuren unter Berücksichtigung moderner Techniken und zeitgemäßer Modifikationen neu interpretiert. Augenfällig ist vor allem die immense Größe des Werkes. Bei einem Blick durch den Saphirglasbo-

*»Mehr eigene Werke und Wertschöpfung«*
*ist die Devise dieses noch jungen Uhren-*
*unternehmens.*

den zeigt sich das Werk mit einem Durchmesser von 36,6 mm in seiner vollen
Pracht. Bewusst wurde auf einen automatischen Aufzug verzichtet, bei dem die
Schwungmasse den Blick auf einen Groß-
teil des Zusammenspiels von Rädern und
Hebeln deutlich beeinträchtigt hätte.
Die Gangreserve der Uhr beträgt 48 Stunden, und das tägliche Aufziehen sollte
einen lustvollen Augenblick in der Hektik
eines jeden Tages darstellen. Die Betätigung des Startdrückers stellt eine Verbindung zwischen dem fortwährend
tickenden Mikrokosmos und seinem Zu-
satzmechanismus her – »Motor« und
»Getriebe« werden verknüpft. Diese Verbindung besorgt, wie auch beim Auto,
eine Kupplung. Als »State of the Art« kann
hier die horizontale Kupplung gelten.

Beim Einschalten des Chronographen
schwenkt ein fein gezahntes Rad zwischen
Uhrwerk und Stopper. Bedingt durch die
Unruhfrequenz von 2,5 Hertz (18 000
A/h), setzt sich der große Sekundenzeiger
in Fünftelsekundenschritten in Bewegung,
was an der Unterteilung des Zifferblattes
in 300 Unterteilungen ablesbar ist. Analog dazu bewirkt das Anheben dieser Brücke den augenblicklichen Stopp des Zei-
gers. Das Chrono-Zentrumsrad mit seinen
Zähnen hält an, während das Uhrwerk
weiterläuft. Die Steuerung dieser und weiterer Funktionen hat Maurice Lacroix
beim Kaliber ML 106 ebenfalls vorbildlich
gelöst, nämlich per Schalt- oder Säulenrad. Eine weitere Besonderheit dieser Uhr
ist die Auslegung des Minuten-Totalisa-
tors. Die überwiegende Mehrheit aller
Chronographen ohne Stundenzähler
begnügt sich mit Totalisatoren, welche bis
30 oder maximal 45 Minuten reichen.
Maurice Lacroix dehnt diese Zeitspanne
für die Masterpiece Le Chronographe auf
ungewöhnliche 60 Minuten aus. Der seltene 60-Minuten-Zähler bedingt einen
deutlich höheren uhrmacherischen Auf-
wand.
Das traditionelle Chronographenwerk mit
Säulenrad und Schwanenhals-Feinregulie-
rung gehört mit zum Feinsten, was der
Markt zu bieten hat. Eingeschalt ist diese Preziose in ein Rotgoldgehäuse. Wie
bei der 2004 lancierten Masterpiece
Vénus werden alle Teile des Chronogra-
phen-Dispositivs bei Maurice Lacroix von

Hand poliert und reguliert. Mit dem ML 106, das kann man getrost sagen, hat sich die Firma Maurice Lacroix in den Adelsstand der Manufaktur erhoben.

*Eine Kalenderuhr einmal anders. Datum und Wochentag werden durch Pointer aus der Mitte heraus angezeigt.*

# Für jedes Werk eine Krone – Rolex, weltgrößter Luxus-uhrenhersteller

Von dem französischen Struktursoziologen Claude Levi-Strauss stammt der Satz: »Mythen sind hohl und rund«. Wer die äußere Schale zerbricht, hält am Ende nichts in der Hand. Besser ist vielleicht noch das Bild der Zwiebel, bei der auch nach der letzen Häutung nichts bleibt. Mythen über Unternehmen und deren Produkte sind ebenfalls Schichten und Schalen aus Geschichte und Geschichten, aus bewusst Inszeniertem, aber auch aus Zufälligem, das erst im Nachhinein seine Bedeutung gewinnt. Nur in der Ballung, der sinnvollen Vernetzung und dem Wissen um die Distinktion der Ereignisse entfaltet sich daraus der Mythos einer Marke und ihrer Produkte. Gerade im Zeitalter der zunehmend extensiveren industriellen Produktion ist es die Marke, die dem Konsumenten Orientierung und Unterscheidung ermöglicht. Zu jenen Markenikonen, die zu Beginn des 20. Jahrhunderts ihren Siegszug begannen, gehört zweifelsohne der 1908 als Markenname eingetragene Kunstbegriff Rolex. Ein Name, erdacht vom

*Kaliber 4130, eingeschalt in der neuen Rotgoldlegierung Everrose, die auch Chlor widersteht. Die Daytona ist nach wie vor eines der begehrtesten Rolex Modelle.*

deutschen Firmengründer Hans Wilsdorf (1881 – 1960) aus Kulmbach, der sich von »horlogerie exquise« ableiten soll. Belegbar ist dies jedoch nicht. Der Firmengründer hatte es sich zum Ziel gesetzt, eine ganggenaue Armbanduhr zu präsentieren, die mit den damals noch hauptsächlich im Einsatz befindlichen Taschenuhren konkurrieren konnte. Er war es auch, der die Grundwerte der Marke, die bis heute den Markenkern bestimmen, definierte: höchste handwerkliche Qualität in Herstellung und Verarbeitung, größtmögliche Präzision, dazu robust und alltagstauglich bis hin zu Modellen, die – für verschiedene Einsatzwecke konstruiert – auch Extrembelastungen standhalten. Für den Mythos Rolex spielt Wilsdorf eine ähnliche Rolle wie Enzo Ferrari für die gleichnamige Automobilmarke. Der eine wollte der Welt den besten Sport- und Rennwagen präsentieren, der andere die genaueste und robusteste Armbanduhr. Aber Wilsdorf war mehr als Uhrentechniker und Fabrikant. Er war überdies ein begnadeter Presse- und Marketingfachmann, eine Zunft, die damals noch unter dem Etikett »Propaganda« firmierte. Rasch hatte er es verstanden, Menschen als Testimonials einzusetzen, die die Botschaft seiner Produkte transportierten.

Mit ungeheurer Willensstärke und Entschlusskraft, versehen mit einem sicheren Instinkt, setzte er seine Ideen und Ideale um. Dabei hatte seine Biografie mit einem großen Schicksalsschlag begonnen. Mit zwölf Jahren verliert er kurz hintereinander beide Eltern, zuerst die Mutter, dann den Vater. Um ihn und seine beiden Geschwister kümmert sich nun die Verwandtschaft, die das väterliche Geschäft veräußert und den erzielten Ertrag gewinnbringend anlegt. Es handelte sich dabei um die bayerische Bierbrauerdynastie Meisel, der die Mutter entstammte. Was hätte da näher gelegen, als aus dem kleinen Hans einen tüchtigen Braumeister zu machen? Doch nichts lag Wilsdorf ferner. Nach der Zeit im Internat in Coburg und dem Abitur absolviert er eine kaufmännische Lehre bei einem Mann in Bayreuth, der mit Kunstperlen einen weltweiten Handel betreibt.

Das Kaufmännische liegt ihm, gleichzeitig hat er an Uhrentechnik und Fremdsprachen großes Interesse. So geht er mit knapp 20 Jahren in die Schweiz nach La Chaux-de-Fonds zu einer großen Uhrenexportfirma. Für 80 Franken im Monat erledigt er die englische Korrespondenz, macht Büroarbeiten und zieht zudem noch die Taschenuhren auf, mit denen das Unternehmen handelt. Präzision der Zeitmessung wird schnell zu seiner Obsession. Von einem Teil seines väterlichen Erbes kauft er drei goldene Taschenuhren und lässt deren Ganggenauigkeit an einer Sternwarte durch Gangzeugnisse protokollieren. Danach verkauft er die Uhren gewinnbringend. Hier zeichnet sich bereits das Geschäftsprinzip von Wilsdorf ab. Doch bevor er 1903 in das damalige Zentrum der industriellen Welt nach London zieht, absolviert Wilsdorf in der Armee des Deutschen Kaiserreichs seinen einjährigen Wehrdienst. Nachdem im Uhrenhandel genügend Erfahrungen gesammelt sind, gründet er 1905 zusammen mit dem wesentlich älteren Alfred James Davis eine eigene Uhrenhandelsfirma unter dem Namen Wilsdorf & Davis in London. Sein Kapital erhält er zu Teilen von Bruder und Schwester, hatte man ihm doch seine 30 000 Goldmark aus dem väterlichen Erbe bei der Überfahrt nach England gestohlen.

Waren es die Taschenuhren gewesen, die Interesse und Begeisterung für die Welt der Uhren geweckt hatten, so ist es jetzt vor allem die Branchenneuheit der Armbanduhr in einem sich entwickelnden Markt. Bei Aegler in Biel kauft er eine solche Menge an hochwertigen Ankerwerken, dass die zu zahlende Summe den fünffachen Betrag des Firmenkapitals ausmacht. Doch der Erfolg gibt ihm Recht. Schon 1907 eröffnet das Unternehmen

*Eine Rolex Precision mit Vollkalender und Mondphase. Eine Komplikation, wie sie heute bei Rolex nicht mehr hergestellt wird. Auch die Referenz 8171 ist ein Objekt der Begierde in der Sammlerszene.*

eine Dépendance in La Chaux-de-Fonds. 1908 gehörte Wilsdorf & Davis mit zu den größten Firmen im Uhrenhandel und hatte 200 Modelle im Programm. Die Uhren gelangten anonym oder mit dem Logo des jeweiligen Händlers zum Verkauf. Lediglich die Gehäuse waren mit W/D, für Wilsdorf & Davis, gestempelt. Das missfiel dem Patron ebenso wie die Tatsache, dass Armbanduhren zu dieser Zeit noch der Damenwelt vorbehalten waren und als gänzlich unmännlich galten. Als ersten Schritt dachte er sich dazu einen Produktnamen aus, über den er in

seinem Vademecum schreibt: »Er war so kurz und dabei so einprägsam, dass daneben auf dem Zifferblatt noch der Name des englischen Händlers genügend Platz fand. Was aber besonders wertvoll war: ROLEX klingt gut, ist leicht zu behalten und wird zudem in allen europäischen Sprachen gleich ausgesprochen«.

*Die Referenz 6239/6263 mit schwarzem Zifferblatt und rotem Daytona-Aufdruck und Tachymeter-Skala war der letzte Handaufzugschronograph von Rolex, der bis 1985 gebaut wurde.*

Es sollten weitere 20 Jahre vergehen, bis sich der neue Name endgültig etabliert hatte. Anfänglich verwendete Wilsdorf einen Trick. In den Sechserschachteln wurden jeweils nur zwei Uhren mit Rolex gelabelt, später dann drei, und so konnte sich der Name auch in den Schaufenstern der Händler durchsetzen. Nun galt es für das junge Unternehmen, den Qualitätsbeweis für kleine Uhrwerke zu erbringen. Konnten die zierlichen Damenuhren den respektablen Chronometern in der Westentasche der Herren in Sachen Genauigkeit Paroli bieten? Sie konnten! Schon 1910 hatte Wilsdorf in Biel ein Gangzeugnis erster Klasse für eine Armbanduhr mit 24,81 mm Werkdurchmesser erhalten. Die Uhren wiederholten 1914 das Kunststück bei der Sternwarte Kew in England, einen Gangschein der Klasse A zu erhalten. Damit hatten die »Ührchen« – als solche von Zeitgenossen wahrgenommen und von Uhrmachern angefeindet – die Gangleistung eines Marinechronometers erbracht. Schlagartig gehörte Wilsdorf damit zum Kreis der angesehensten Uhrmacher Englands – und das mit einer Armbanduhr.

Rohwerkefabrikant ist von Anfang an die Firma Aegler in Biel, hinter der Jan Aegler mit seinem 1878 gegründeten Betrieb steht. Seit 1881 hat die Firma ihren Sitz in Rebberg bei Biel und exportiert seit 1900 Damenarmbanduhren in die ganze Welt, ausgenommen ab 1913 nach England, um nicht mit dem Geschäftspartner zu konkurrieren. 1914 wird die Firma in eine Aktiengesellschaft unter dem Namen »Aegler SA, Rolex Watch Company« umfirmiert. Sie beschäftigt 200 Mitarbeiter und ist der Exklusivlieferant für »Wilsdorf & Davis Rolex Watch Company«. Als Unternehmen bleibt Aegler selbstständig, ein Zustand, der sich erst 2004 ändert, als Rolex Präsident Patric Heiniger das Unternehmen für die stolze Summe von 2,5 Milliarden kauft und in die Montre Rolex SA eingliedert.

»Bellum omnium rerum pater est« (der Krieg ist der Vater aller Dinge) sagt der Lateiner, und bei der Armbanduhr stimmt dies auch. Sowohl die zahlreichen englischen Kolonialkriege als auch der Erste Weltkrieg befördern die Uhr ans Handgelenk, an jenen Ort, wo sie schnell und unkompliziert abgelesen werden konnte. Der »Wilsdorf & Davis Rolex Watch Company« bringt diese Entwicklung den erwünschten geschäftlichen Erfolg. Mit der Erhöhung der Einfuhrzölle auf 33,3 Prozent in England kam 1919 das Aus für das Unternehmen. Die Exportaktivitäten werden an das Bieler Büro übertragen, Wilsdorf selbst zog mit seiner Frau nach Genf. 1920 erfolgt die Umbenennung der Firma in »Montre Rolex SA«, nachdem sich Wilsdorf vom ungeliebten Partner getrennt hat. Fortan erfolgte die Werkfertigung weiter in Biel, die Gehäusefertigung und Montage in Genf. 1925 kommt zum Markennamen das Markensymbol in Form einer fünfzackigen Krone, die ab 1939 bis heute alle Rolex Uhren ziert.

Die Geschichte des Unternehmens ist geprägt vom zähen Ringen um die Perfektionierung der Armbanduhr, die stets aufs Neue durch offizielle Prüfzeugnisse bestätigt wird. Die Observatorien von Kew, Genf und Besançon werden zu Anlaufstellen, die die Präzision der kleinen Werke testieren. Der Sternwarte in Neuenburg zeichnet sogar einen Damenchronometer mit 15,23 mm Werkdurchmesser mit einem Gangzeugnis erster Klasse aus. Diese Politik der observatoriumsgeprüften Uhr hat Rolex bis in die heutige Zeit nicht aufgegeben. Immer noch ist Rolex der Uhrenhersteller mit den meisten zertifizierten Chronometern weltweit. Schon 1968 hatte Rolex die Millionengrenze bei Chronometern erreicht, heute dürften es insgesamt über 20 Millionen produzierter Rolex Uhren mit Chronometerzertifikat sein.

Bei der Fertigung mechanischer Uhren war Wasser ein natürlicher Feind dieses anfänglich aus Eisen gefertigten mechanischen Wunderwerks. Es sollte bis in die 1920er-Jahre dauern, bis eine Gehäusekonstruktion auf dem Markt erschien, die es möglich machte, das Uhrwerk hermetisch gegen äußere Einflüsse abzuschirmen. Ein Wegbereiter dieser Entwicklung war die »Montre Rolex SA«. Neben mechanischer Robustheit und hohen Gangeigenschaften war es das erklärte Ziel von Wilsdorf, vor allem eine Uhr zu bauen, die absolut wasserdicht sein sollte. Erreicht wurde dies durch abgedichtete, gegeneinander verschraubte Gehäuseteile, eine spezielle, verschraubte Kronenkonstruktion sowie ein formschlüssiges Glas. Der Name für das Kunstwerk war schnell gefunden: »Oyster« – die Auster als Symbol des hermetischen Verschlusses. Noch 1926 wurden die Patentanträge in England und der Schweiz gestellt. Das Patent für die erste Auster wird 1926 erteilt und die Neuheit der erstaunten Öffentlichkeit präsentiert. Als die junge englische Stenotypistin Mercedes Gleitze am 27. Oktober 1927 den Ärmelkanal in 15,5 Stunden durchschwamm, wurde Wilsdorf auf die junge Extremsportlerin aufmerksam. Als diese Ende Oktober eine zweite Überquerung durchführt, trägt sie eine achteckige Rolex Oyster am Handgelenk und macht damit für alle Welt deutlich, dass der Durchbruch der wasserdichten Armbanduhr erfolgt war. Obwohl Mercedes nach ca. zehn Stunden wegen zu großer Kälte 11 km vor der Küste aufgeben muss, ist es ein Erfolg, dass eine Armbanduhr dem Element so lange standgehalten hat. In einer ganzseitigen Anzeige auf dem Titelblatt der »Daily Mail«, die Wilsdorf 40 000 Schweizer Franken kostet, wurde

*Die Rolex Prince mit Formwerk wurde in den unterschiedlichsten Varianten seit den 1930er-Jahren produziert. Hier ein Aerodynamic-Chronometer aus dem Jahre 1950. Die Referenz 3361 erfreut sich bei Sammlern großer Beliebtheit.*

der Triumph verkündet. Plötzlich ist Rolex in aller Munde. Als weiterer Werbegag verwendete Rolex kleine Aquarien, in denen die Konzessionäre den erstaunten Schaufensterguckern die Uhr von einem Goldfisch umschwommen präsentieren konnten.

Sehr schnell jedoch stellt sich heraus, dass die verschraubte Krone der Schwachpunkt der Konstruktion ist, muss diese doch zum täglichen Aufziehen der

*Sportuhren in Gold waren lange Jahre das Markenzeichen von Rolex. Hier eine GMT, die es weniger prätentiös auch in Stahl gab und die sich bei Piloten großer Beliebtheit erfreute.*

Uhr geöffnet und geschlossen werden und unterliegt so einem nicht unerheblichen Verschleiß. Daher entwickelt man 1931 einen automatischen Aufzug, der 1933 patentiert wird. Die Ref. 1858 ist die erste Rolex mit Rotormechanismus. Nach sechsstündiger Tragezeit ist Vollaufzug hergestellt, so die stolze Werbung, nicht ohne hinzuzufügen, dass sich die Uhr auch wie bisher über die Krone mit Energie versorgen lässt. 1945 geht das schnell um Mitternacht springende Datum in Serie, die Geburtsstunde der »Datejust«; in diesem Jahr wird auch der 50 000. Chronometer in Biel zertifiziert.

Die Chronologie der Errungenschaften findet sich noch heute auf jedem Rolex

Zifferblatt. »Superlative Chronometer officially certified« erinnert an die strengen Prüfkriterien, »Oyster« an die wasserdichte Gehäusekonstruktion, »Perpetual« an den von Rolex entwickelten automatischen Aufzug und »Datejust« an das genau um 00 Uhr springende Datum: komprimierte Geschichte einer langen technischen Entwicklung auf engstem Raum dokumentiert. Doch auch die luxuriöse, weniger für den sportlichen Einsatz gedachte Uhr wird bei Rolex gebaut. Die Rolex Prince, eine Rechteckuhr mit Formwerk und separater Sekunde, die Ende 1928 auf den Markt kommt, zielt auf die Welt der Reichen und Schönen. »The Watch for Men of Distinction«, so die zeitgenössische Werbung. Zum silbernen Kronjubiläum von König Georg V. werden 400 Uhren dieses Typs geordert. Natürlich auch als zertifizierte Chronometer. Ein Modell, das so erfolgreich ist, dass es 40 Jahre im Programm bleibt – es ist auch ein Markenzeichen der Firma, den Kunden nicht mit hektischen Modellwechseln zu verunsichern. Den Rolex internen Rekord hat mittlerweile die Submariner, die seit 50 Jahren gebaut wird, ohne auch nur den Hauch von gestern auszustrahlen. Man stelle sich diesen Bauzeitraum bei einem Automodell vor!

Erstaunlicherweise hat Rolex Mühe, sich bei den ab 1945 veranstalteten Chronometrie-Wettbewerben zu behaupten. Führend ist hier der Konkurrent Omega. Doch 1949 gewinnt dann die von J. Matile regulierte Uhr in der Kategorie Armbandchronometer mit 849 Punkten.

1944 ereilte Wilsdorf ein Schicksalsschlag – seine Frau May Florance stirbt. Da die Ehe kinderlos geblieben war, übertrug er seine Aktien an der Montre Rolex SA auf die Hans-Wilsdorf-Stiftung. Ein weiser Entschluss hinsichtlich des Fortbestehens des Unternehmens, wie auch andere Unternehmen, die als Stiftungsmodelle fungieren, unter Beweis gestellt haben. So etwa der Kolbenhersteller Mahle oder auch Bosch, beide in Stuttgart ansässig. Aus all diesen Stiftungsmodellen, so auch bei Rolex, fließen nicht unerhebliche finanzielle Mittel an wissenschaftliche, karitative oder soziale Projekte in aller Welt.

Den 70. Geburtstag des beliebten Patrons feierte man 1951 mit einem viertägigen Fest in Genf. Galt es doch auch, seiner 50 Jahre im Dienst der Zeitmessung zu gedenken, überdies die 25 Jahre Oyster Gehäuse und 20 Jahre Automatikaufzug zu feiern. Trotz fortgeschrittenen Alters bestimmte Wilsdorf weiterhin die Geschicke des Unternehmens, auch wenn ihm nun zwei Direktoren zur Seite standen. Sogar Neuerungen wie die Datumslupe auf dem Zifferblatt gehen auf sein Erfinderkonto.

Bis 1965 lebt man bei der Montre Rolex SA unter mehr als beengten Verhältnissen auf drei Etagen in der Rue du Marché, weitere der 400 Mitarbeiter waren auf benachbarte Gebäude verteilt. In Biel arbeiten zu dieser Zeit etwa 250 Personen.

Seit die Weltwirtschaftskrise der 1930er-Jahre und die damit einhergehende Abwertung des Pfunds den englischen Markt zu einem schwierigen Terrain gemacht hatte, setze man bei der Montre Rolex SA auf Internationalisierung. Dieser wurde durch weltweite Niederlassungen Rechnung getragen, um die sich Hans Wilsdorf in den 1950er-Jahren höchstpersönlich kümmerte. Als er 1960 im Alter von 79 Jahren stirbt, ist das das Ende einer Ära. Ab 1963 leitet sein Vertrauter André J. Heininger als Präsident der Montre Rolex SA und der »Hans-Wilsdorf-Stiftung« die Unternehmensgeschicke bis 1992, dann übernimmt dessen Sohn Patrik die Firmenleitung.

Den Umzug der Firma 1965 in die neuen Gebäude an der Rue François-Dussaud hat Wilsdorf nicht mehr miterlebt, wohl aber den Start der neuen Oyster Modelle für Spezialisten, der 1953 mit dem Turn-o-Graph und der Submariner begann. Diese strapazierfähigen Gebrauchsuhren für Bergsteiger, Piloten, Taucher, Ozeanologen, Rennfahrer, Wissenschaftler, Hollywoodstars und Abenteurer bilden bis heute das moralische Rückgrat der Marke, die auf der anderen Seite mit Brillanten besetzten Sportuhren aus Edelmetall einen eher eigenwilligen Kundengeschmack bedient. Sportlegenden wie Jean-Claude Killy, Jacky Steward, Arnold Palmer, aber auch Bergsteiger wie Sir Edward Hillary und sein Sherpa Tensing Norgay ebenso wie Reinhold Messner und Wissenschaftler wie Jacques Piccard haben als populäre Träger der Uhr das Image von Rolex maßgeblich geprägt. Als Letztgenannter im Marianengraben des Pazifischen Ozeans auf 10 916 Meter tauchte, befand sich die Rolex Oyster nicht an seinem Arm, sondern an der Außenhaut des Tauchboots »Trieste«. Piccard bestätigte nach erfolgreichem Tauchrekord das reibungslose Funktionieren der Uhr und gab damit allen normalen Rolex Trägern das Gefühl, die richtige Entscheidung in Sachen wasserdichter Uhr getroffen zu haben.

Trotz einiger Modelle mit Mondphase oder Vollkalender und sogar einem Chronograph Rattrapante blieb Rolex über ein Jahrhundert seinem minimalistischen Prinzip treu: Kein Tourbillon, kein Carillon, kein Ewiger Kalender oder gar eine Große Komplikation schmücken die Produktgeschichte. Dem Glanz der Marke hat dies nicht geschadet. Auch so bietet Rolex eine Vielfalt an unterschiedlichsten und faszinierenden Modellen durch ein Jahrhundert Uhrengeschichte, das von der Marke mit der Krone maßgeblich mitgeprägt wurde.

*Eine James Bond Rolex. Im Auftrag Ihrer Majestät stoppte der Agent die Fahrzeit der Seilbahn mit diesem Chronographen, um sich zu vergewissern, wie viel Zeit ihm blieb, um sich, am Stahlseil aufwärts hangelnd, aus seinem Gefängnis zu befreien.*

# Die Rolex Oyster – Der lange Weg zur eleganten Sportuhr

Wohl kein Uhrendesign hat das Bild der klassischen Sportuhr mehr geprägt als die Rolex Oyster Modelle. An erster Stelle ist es die Submariner, dann die GMT und die Explorer, die in ihren unterschiedlichen Ausführungen den neuen Uhrentyp der Tool Watch geprägt haben: Hochwertige Uhren für die unterschiedlichsten Anforderungsprofile, die in enormen Höhen, bei tiefen oder extrem hohen Temperaturen, in großer Wassertiefe oder bei extrem starken Magnetfeldern zuverlässig funktionieren. Dazu kamen die Chronographen, die es in einer zunehmend von Geschwindigkeit geprägten Welt gestatteten, auch die kleinste Zeiteinheit exakt zu erfassen.

Ausgangspunkt waren dabei die Chronometer, extrem genaue und wasserdichte Uhren. Schon früh verstand es Rolex, Testimonials – seien dies nun Sportler, Wissenschaftler, Künstler, Abenteurer oder Extrembergsteiger – für die Marke zu gewinnen. Der erfolgreichste Motorsportler der 1930er-Jahre, von der Popularität vergleichbar mit Michael Schumacher

*Die Referenz 116518 war der erste Rolex Chronograph mit hauseigenem Manufakturwerk, der das zugekaufte, aber gründlich überarbeitete Zenith 400 ablöste.*

heute, war der Mercedes-Benz Werksrennfahrer Rudolf Caracciola, der selbstredend mit einem Rolex Chronographen am Start erschien. Kein Wunder, war doch auch Hans Wilsdorf überzeugter Mercedes-Benz Kunde.

Rekordfahrer Sir Malcolm Campbell trug ebenso wie die Golfer Arnold Palmer, Jack Nicklaus und Gary Player eine Rolex. Skifahrer Jean-Claude Killy und Schauspieler und Hobbyrennfahrer Paul Newman wurden in Sammlerkreisen gar zum Synonym für bestimmte Modelle. Eine Rolex war bei der Erstbesteigung des Mount Everest 1953 durch Sir Edmund Hillary und Tenzing Norgay ebenso dabei wie 1960 – allerdings als Spezialanfertigung an der Außenhaut des Tauchbootes »Trieste«, mit dem Jacques Piccard im Pazifik in eine Tiefe von 10 916 Meter vordrang.

Aber neben den Sportuhren wurde bei Rolex von Anfang an bis heute ebenso eine elegante, wenn auch minimalistische Uhrenlinie angeboten. Die Rolex Prince mit ihrem dualen Zifferblatt, das die Sekunde auf einem separaten Zifferblatt unterhalb der Stunden- und Minutenanzeige präsentierte, wurde ab 1928 in unterschiedlichen Gehäusevarianten offeriert. Als »Railway« mit seitlich abgestuftem oder als »Brancard« mit tailliertem

Gehäuse wurde dieses Modell auch in unterschiedlichsten Edelmetallmaterialien gebaut. Das Kaliber T.S. Ref. 300 war ein Formwerk mit den Abmessungen 16,90 x 32,70 mm. Das 18-Steine-Werk mit Schwanenhalsfeinregulierung war chronometerreguliert und besaß eine Schutzbrücke für die Unruhe. Dadurch unterschied es sich von anderen Gruen-Techno-Werken, die auch an Alpina, die ein ähnliches Modell präsentierten, geliefert wurden. Dieser Umstand macht es Fälschern heute leicht, ein solches Modell in eine Prince umzuwandeln.

Kontinuität allerdings beweist Rolex auch bei diesem Modell. 2005 präsentierte die Genfer Firma die zeitgemäße Interpretation als chronometerzertifizierte Handaufzugsuhr mit Formwerk. Während die frühen Formuhren ebenso wie die Chronographenmodelle und die Non Oyster Modelle Handaufzugsuhren waren, baute man die wasserdichten Oyster Modelle sehr bald mit dem Rolex Perpetual-Kaliber, für dessen beidseitig aufziehende Rotorautomatik 1933 das Patent erteilt wurde. Auch vom Design unterschieden sich die Rolex Automaten mit ihren integrierten Bandanstößen von den bis dahin angelöteten Drahtbügeln. Ihren Namen verdanken diese Automatikmodelle der für den Rotor notwendigen Ausbuchtung auf der Unterseite der Uhr: »Bubbel Back«. Mit der »Hooded Bubbel Back«, die im Sommer 1938 mit ihren verdeckten Bandanstößen auf den Markt

kam, wurden erstmals auch Bicolormodelle in Stahl-Gold angeboten, ebenso wie das rolextypische Metallband, das eine optische Einheit mit der Uhr bildet und bis in die heutigen Tage nachhaltig den Eindruck der Sportuhrenlinie prägt. Mit der 1956 vorgestellten Day-Date gestaltete Rolex eine Uhr, die mit der Anzeige von Wochentag und Datum gerade die für den Geschäftsmann wichtigen Informationen lieferte. Natürlich gab es die Datejust auch als Damenuhr, und Rolex setzte seinen ganzen Ehrgeiz daran, diese Damenuhrlinie ebenfalls als Chronometer zertifizieren zu lassen – kein leichtes Unterfangen bei den zierlichen Werken. Nach dem Zweiten Weltkrieg nahm die erfolgreiche Sportuhrenlinie 1953 ihren Anfang mit der »Submariner«, der allerdings der »Turn-o-Graph« vorausgegangen war, eine Uhr mit drehbarer Lünette, die Rolex als minimalistischen Chronographen annoncierte. Schon ab 1936 hatte man Handaufzugswerke für die in Florenz ansässige Firma Panerei, einer Taucheruhr für die italienische Kriegsmarine, geliefert: die »Radiomir«. Die ersten Prototypen wurden sogar bei Rolex

*Die neue Rolex Prince ist ein außergewöhnliches Meisterwerk unter den Armbanduhren. Ein durchsichtiger Gehäuseboden gibt zum ersten Mal den Blick auf ein guillochiertes Rolex Uhrwerk frei, dessen Muster als Anmutung auch auf dem Zifferblatt erscheint.*

gefertigt. Dank der guten Beziehungen, die die Familie Panerai zu Hans Wilsdorf hatte, wurden die 17-steinigen Rolex Handaufzugswerke bis 1952 geliefert. Für die variantenreiche Sportuhrenfamilie, ausgenommen die Chronographen, fand zumeist ein Basiswerk Verwendung, das den Einsatzzwecken entsprechend durch Magnetfeldschutz, zweite Zeitzone, 24-Stunden-Anzeige usw. modifiziert wurde. 1950 begann diese Entwicklung mit dem Kaliber 1030, das einen Durchmesser von 28,50 mm und eine von Höhe 5,85 mm hat. Die Schwingungszahl beträgt 18 000 A/h. Das Werk verfügt über 25 Steine und eine Schraubenunruh mit Regulierscheiben. 1957 folgt das Kaliber 1530, das zwar den gleichen Durchmesser hat, aber in der Höhe mit 5,75 mm etwas flacher ist. Auch die Schwingungszahl bleibt gleich (26 Steine, Schraubenunruh). Abgeleitet von diesem Werk wird 1963 bei den Kalibern 1520 und 1580 die Schwingungszahl auf 19 800 A/h erhöht. Mit dem Kaliber 3035, das einen Durchmesser von 28,50 mm und eine Höhe von 6,35 mm hat, wird 1977 ein komplett neues Werk präsentiert. Es verfügt über 27 Steine und eine Schraubenunruh, die

*Eine Taucheruhr in Weißgold. Die Rolex Submariner ist eine der Uhrenlegenden, die die Tool Watch berühmt gemacht hat. Seit 1953 gebaut, ist sie auch heute noch äußerlich fast unverändert zu haben.*

Schwingungszahl beträgt nun 28 800 A/h. Die letzte Ausbaustufe in dieser Kette ist das 1990 vorgestellte Kaliber 3135. Ähnlich konservativ wie beim Uhrwerk geht Rolex auch bei den Modellen vor, in die die Werke eingebaut werden.

1953 wird neben der Submariner auch die Explorer vorgestellt, 1954 folgte die GMT-Master und die Milgauss, die Magnetfeldern bis 1000 Gauss widerstand. 1961 präsentierte Rolex den Cosmograph Daytona, 1971 die Sea-Dweller 2000 (610 m), 1930 die Sea-Dweller 4000 (1220m) und 1983 die GMT-Master II. Ebenfalls in den 1970er-Jahren erschien die Explorer II, die, extra für Höhlenforscher gedacht, über eine 24-Stunden-Anzeige verfügte. Einige Modellbezeichnungen wie beispielsweise »Precision« gab es schon bei den Non-Oyster-Modellen. 1992 wurde mit »Yacht-Master« ein neuer Produktname kreiert, während das Modell »Air-King«, eine Oyster ohne Datum, zu den mit am längsten gebauten Modellen gehört. Zudem ist gerade diese Uhr die preisgünstigste Alternative, eine Rolex Oyster zu tragen.

Viele dieser Modelle sind bis heute, zum Teil für den Laien kaum von den Vorgängermodellen unterscheidbar, im Programm. Sogar die Milgauss, deren Produktion 1988 auslief, ist seit 2007 in überarbeiteter Version wieder verfügbar. Typisch für die meisten dieser Modelle ist die Trilock-Krone mit dem Flanken-

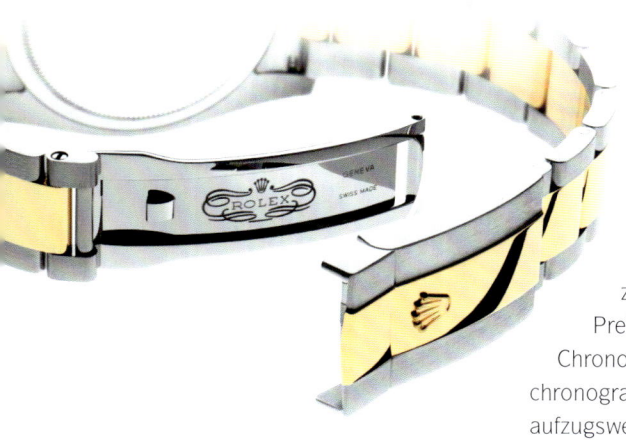

*Oft gescholten wegen ihrer Scharfkantig-keit, ist die schlichte Schließe der Rolex Modelle mit Metallband durchaus funktionell.*

schutz. Dass es diese als reine Sportuhren konzipierten Modelle auch in den verschiedenen Goldlegierungen und Platin gibt und sich die Genfer Uhrenbauer nicht scheuen, kostbare Edelsteine als Verzierung von Zifferblatt, Lünette und Bändern anzubringen, hat dem Haus eine ganz besondere Klientel von Käufern beschert, die, wie die Schwaben sagen, »ein G'schmäckle« hat. Doch das tut der Qualität dieser Uhren keinen Abbruch, und das Haus hat in den vergangenen Jahren auch wieder seine Oyster Goldmodelle so im Angebot wie der seriöse Käufer sie gerne trägt: mit Lederband.

Eine besondere Rolle bei den Rolex Sportuhren bilden die Chronographen. Diese sind nicht nur als Neuuhren begehrt und gesucht, auch in Auktionen erzielen die unterschiedlichen Modelle Spitzenpreise. Wer 1978 eine Daytona für 1600 Mark gekauft hat, kann diese, guter Zustand und entsprechende Kaufdokumente vorausgesetzt, für den zwanzigfachen Wert des ehemaligen Preises verkaufen. Die frühen Rolex Chronographen wurden als Eindrücker-chronographen, mit dem 13-Linien-Handaufzugswerk VZ mit Schaltradsteuerung von Valjoux, ab 1930 geliefert. Es waren, dem Zeitgeschmack entsprechend, zierliche Uhren mit einem Durchmesser zwischen 28 und 32 mm. Lediglich einige Ausnahmen wie die Referenz 2705 mit einem 14-Linien-Handaufzugswerk Kaliber Valjoux 22 entsprach mit 37 mm heutigen Größenvorstellungen. Mit der Ablösung des Valjoux Kaliber VZ durch das 22, beide haben die kleine Sekunde auf der Neun und die Stoppminute auf der Drei, nahmen auch die Gehäusegrößen zu. Neben den traditionellen Chronographen mit rundem Gehäuse wurden auch quadratische Gehäuse verwendet, ebenso wie das zierliche Valjoux 69 mit 10 ½-Linien. Mit 44 mm auch eine für heutige Verhältnisse imposante Größe liefert der Rattrapante Chronograph mit dem Valjoux 55 VBR mit 17 ½-Linien die Referenz 4113. Nach dem Valjoux 22 und 23 folgt etwa ab 1948 das Valjoux 72, das die Rolex Chronographen und all ihre Derivate von der Kalenderuhr, dem Cosmo-

graph, bis hin zur letzten Daytona mit Handaufzug der Referenz 6265 und 6263 antreiben sollte. In der Goldausführung, sowohl mit 14 als auch mit 18 Karat, wurde die Uhr mit dem Kaliber 727 sogar erstmalig als zertifizierter Chronometer angeboten. Als Valjoux 72 C kam das Werk auch in den sogenannten Pre-Daytonas zum Einsatz. Die Kalenderfunktion offerierte Monat, Wochentag und Datum. Mit dem Valjoux 88 kam dann noch die Mondphase hinzu. Die Referenz 81806, die zu Beginn der 1950er-Jahre im Handel war, wurde nur in homöopathischen Dosen gebaut und ist heute exor-

*Das Chronographenkaliber 4130. Ein Schaltradkaliber mit automatischem Aufzug, das heute alle Rolex Chronographen antreibt und 2000 als erstes eigenständiges Chronographenwerk von Rolex präsentiert wurde.*

bitant teuer, obwohl das Werk auch von anderen Herstellern verbaut wurde. Mit einem Gehäusedurchmesser von 40 mm und einem 13-Linien-Automatikwerk auf Basis des Zenith 400 präsentierte Rolex 1988 den ersten Automatikchronographen seiner Geschichte. Das Rolex Kaliber 4030 schwang, im Gegensatz zum

Zenith »El Primero«, statt mit 5 Hertz (36 000 Halbschwingungen) mit 4 Hertz (28 800 Halbschwingungen). Alle Modelle wurden nun als Chronometer zertifiziert, die Lünette war poliert und graviert. Bei den ersten Modellen reichte die Tachymeterskala von 50 bis 200 km/h, später dann von 60 bis 400 km/h. Obwohl das modifizierte Zenith Kaliber ein funktionales und auch optisch gelungenes Werk war, das durch die verschiedenen Modifikationen durchaus als eigenständig gesehen werden kann, war es doch der Ehrgeiz von Rolex, auch auf dem Chronographensektor von anderen Herstellern unabhängig zu sein. So präsentierte man im Jahre 2000 mit dem Kaliber 4130 eine Konstruktion, die komplett im eigenen Haus entstand. Der von einem Schaltrad gesteuerte Chronograph baut flacher als sein Vorgänger und verfügt auch über eine größere Gangreserve, die nun 72 Stunden beträgt. Wie schon bei dem Piguet Werk 1180 und seinen Derivaten setzt auch Rolex bei seiner Neukonstruktion auf eine vertikale Friktionskupplung, die ein Springen des startenden Sekundenzeigers verhindert und einen verschleißfreien Dauerbetrieb des Chronographen ermöglicht. Der optische Unterschied ist die Lage der permanenten kleinen Sekunde auf der Sechs.

Beim Sammeln von Rolex Tool Watches geht es zu wie bei den Philatelisten: Marginalien entscheiden über mehrere tausend Dollar oder Euro. Eine Daytona Handaufzug mit dem leer wirkenden Zifferblatt, bei den Sammlern als »Paul Newman« gelistet, weil dieser die Uhr einmal als Preis bei einem Rennen gewann und anschließend auf der Titelseite eines italienischen Magazins abgelichtet wurde, kostet gut das Doppelte ihrer technisch absolut identischen Schwestermodelle. Bei der Pre-Daytona ist es die von Sammlern »Jean-Claude Killy« genannte Referenz 6236 mit Vollkalender und Stahlband, die die Herzen höher schlagen lässt und bei Auktionen bis zu 80 000 Euro erzielt. Diese Modelle waren schon bis 50 Meter wasserdicht. Vermerkt war dies jedoch nur bei einigen Modellen mit »50 m = 165 ft«.

Bei der Submariner sind zunehmend frühe Modelle ohne Kronenschutz gefragt. In »James Bond jagt Dr. No« wurde diese Uhr am Handgelenk von Sean Connery populär. Der Submariner Schriftzug in rot bedeutet ebenfalls einen satten Zuschlag. Handelt es sich gar um eine Sea-Dweller mit dem Comex-Aufdruck und ist die Uhr entsprechend dokumentiert, kann der Preis die 100 000-Dollar-Barriere überwinden. Es ist klar, dass auch Modelle wie die bis 1988 gebaute und nun wieder aufgelegte »Milgauss« Spitzenpreise erzielt. Ebenso ist der Aufdruck »Tiffany&Co.« oder »Cartier« auf dem Zifferblatt nachhaltig wertsteigernd. Eine Submariner mit blau-grauer Lünette statt der schwarzen, eine »Paul Newman« mit rotem Zifferblatt, in Insiderkreisen als »Spirit of

Japan« apostrophiert,
ein früher Turn-o-Graph, all
das sind, ihre Echtheit vorausgesetzt,
Modelle, die extrem hohe Preise erzielen. Dazu können auch technische Veränderungen führen wie bei der Handauf-
zugs-Daytona. Mit Einbau des Kalibers
727, Basiskaliber ist auch hier das Valjoux
72, stieg die Schwingungszahl von 2,5
(18 000 Halbschwingungen) auf 3 Hertz
(21 600 Halbschwingungen). Das steigert
den Wert der Referenz mit dem Kaliber
727 nachhaltig, war sie doch die letzte in
der langen Reihe von Rolex Handaufzugschronographen.

Selbst auf Kleinigkeiten – etwa ob die Tie-
fenangabe bei der Submariner in Fuß
oder Meter zuerst genannt wird – achten
die Sammler und unterscheiden in »feet
first« und »meter first«.

Einer Uhr blieb der Prominentenstatus
versagt, obwohl sie in einem James Bond-
Film eine tragende Rolle spielte. Es handelt sich um die Referenz 6238, ein
Chronograph mit Stahlband und silberfar-

*Mit der Modellreihe Cellini bietet Rolex*
*bis heute, neben den Sportuhren, eine*
*elegante Uhrenlinie an.*

benem Ziferblatt, den Bond in dem Film
»Im Geheimdienst Ihrer Majestät« trug.
Mag sein, dass der Grund, warum dieser
schöne Chrono keine Kult-Bond-Uhr wurde, in dem Umstand begründet liegt, dass
nicht Sean Connery die Bond-Rolle spielte, sondern der relativ unbekannte aust-
ralische Schauspieler George Lazenby.
Zweifelsohne hält der Trend steigender
Preise bei Auktionen für die Sportmodelle an. Besondere Varianten der Daytona,
aber auch der Submariner und Milgauss
Modelle überschreiten heute schon, unabhängig von der Materialbeschaffenheit,
die 100 000-Dollar-Grenze, und ein Ende
dieser Entwicklung ist nicht abzusehen.

# Uhren seit 1735 – Blancpain, eine große Marketinggeschichte

Mit dem Werbespruch »Seit 1735 gibt es bei Blancpain keine Quarzuhren. Es wird auch nie welche geben!« betrat 1983 die wieder belebte Uhrenmarke Blancpain die internationale Bühne der Haute Horlogerie. Mit ihrem radikalen Bekenntnis zur mechanischen Uhr und dem Erbe eines Savoir-faire rekurrierte man ganz bewusst auf die Kultur und handwerkliche Tradition, die das traditionelle Uhrmacherhandwerk auszeichnen. Das Credo: Uhren sind Kunstwerke, die ihre Seele durch die Handarbeit von bewusst agierenden Menschen erhalten, die in einem Traditionszusammenhang stehen. Wer immer zu einer solchen Uhr greift, erhält mehr als einen Zeitmesser, der ohnehin überall verfügbar ist. Vielmehr ein Stück Handwerkskunst und -kultur.

In diesen Überlegungen drückte sich vor allem die Überzeugung eines jungen Uhrenmanagers aus, der an das Überleben der mechanischen Uhr glaubte. Jean Claude Biver verließ seinen Arbeitsplatz bei der SMH, im Gepäck den Markennamen Blancpain, den er für 20 000 Schwei-

*Man arbeitet noch immer in einem Bauernhaus und das seit 1735. Soweit die Legende. Keine Marke versteht es besser, das Savoir-faire zu vermitteln.*

zer Franken gekauft hatte. Zusammen mit seinem Freund und Geschäftspartner Jacques Piguet, dem Sohn des Rohwerkefabrikanten Frédéric Piguet, legte er eine Serie von puristischen Uhren mit eigenen Werken auf. Produktionsstandort der neuen »Blancpain S.A., Fabrique d'Horlogerie« war Le Brassus im Vallée de Joux. So erwachte jene Uhrenmarke, die 1970 still und leise vom Markt verschwunden war, zu neuem Leben. Sie war damals Teil der SSIH, der auch Omega und Tissot angehörten. Seit 1992 ist Blancpain wieder Teil der Swatch Group, wo viele große Uhrenmarken ihr neues Zuhause gefunden haben.

Einst hatte Jehan-Jacques Blancpain 1735, sozusagen als Nebenerwerbsuhrmacher, seine erste Uhr montiert. Einer seiner Söhne, David-Louis, begann Ende des 18. Jahrhunderts damit, die Uhren ins Ausland zu exportieren. Einer seiner weiteren Söhne, Frédéric-Louis, gründete dann in der Stadt Villeret jene Uhrenfabrik, die (mit wechselnder Namensgebung, am Ende hieß sie »E. Blancpain & fils«) bis 1932 in Familienbesitz war. Für John Harwood baute man 1926 die ersten Prototypen einer funktionsfähigen Automatikuhr und in Folge dann in Lizenz eine Serie für den französischen Markt.

Auch für den Pariser Uhrenhersteller Hatot produzierte man das Modell »Rolls«. Als Frédéric-Emile junior 1932 starb, hinterließ er keine Nachkommen. Die Linie der Blancpains endete. Die Geschäfte übernahm seine langjährige Vertraute Madame Fichter für die nächsten 40 Jahre. Unter dem Firmennamen »Rayville S. A. succ. de Blancpain« wurden so interessante Uhrenmodelle wie die »Fifty Fathoms« produziert. Diese Taucheruhr setzte Jacques-Yves Cousteau bei seinen Expeditionen, aber auch in seinem Film »Die Welt des Schweigens« ein. Auf der anderen Seite stellte man eine zierliche Damenuhr mit 5 Linien (11,85 mm) her, womit sie die kleinste zu diesem Zeitpunkt produzierte Damenarmbanduhr war.

Setzte man anfänglich bei Blancpain in den 1980er-Jahren auf zierliche, runde Edelmetall- oder Stahluhren mit traditionellen Komplikationen wie Mondphasenanzeige, Ewiger Kalender oder einen Chronographen mit dem kleinsten automatischen Schaltradkaliber seiner Zeit, so scheute sich Biver in den 1990er-Jahren eine Kehrtwendung hin zur maskulinen, voll alltagstauglichen und belastbaren Sportuhr zu machen. Die Modellreihe 2100 garantierte Wasserdichtigkeit bis zu 200 Metern und bot sogar ein Tourbillon und ein Schlagwerk wasserdicht im neuen Gehäuseformat von 38 mm an.

Um mit den anderen Luxusmarken auf Augenhöhe sein zu können, produzierte man bei Blancpain auch eine Große Komplikation. Diese auf den ersten Blick unscheinbare Platinuhr stellte lange Zeit die Referenz des mikromechanisch Machbaren dar. Mit Schleppzeigerchronograph, Ewigem Kalender, Tourbillon, Minutenrepetition und automatischem Aufzug bot die Uhr so ziemlich alles, was sich Connaisseure wünschen. Mit einem Preis von damals annähernd 500 000 Euro gehörte dieses Meisterwerk auch preislich in die oberste Region. Basis für diese aus 350 Einzelteilen bestehende Uhr mit $13^1/_2$ Linien ist das Piguet Kaliber 33, so wie auch alle anderen Uhren mit eigens dafür entwickelten Piguet Werken versehen sind. Nur 30 Uhren sind projektiert. Aber die Botschaft ist klar: Wir bauen Uhren seit 1735, und wir spielen in der obersten Liga.

In dem kleinen Bändchen »Die Ethik von Blancpain« können wir lesen: »Die Blancpain Uhr, das ist eine puritane Kunst, die ins Extreme vorangetrieben wurde. Das sind Uhren, in denen sich nur das Essentielle ausdrückt: die Uhrmacherkunst. Die Uhr, die man von allem Überflüssigen befreit, doch der man das Wichtigste, das Essentielle belassen hat. Wie in den Zeichnungen von Matisse. Ihre Gehäuse sind konzipiert, um den Formen und Abmessungen des Uhrwerks möglichst eng zu folgen. Der Gedanke dabei ist, dass so die Genialität der Uhr am besten zur Geltung kommt. Denn wenn Sie ein sehr kompliziertes Uhrwerk nehmen

und es umhüllen, selbst in außergewöhnlich zurückhaltender Form, wird nichts seine Schwingungen abhalten, Sie zu erreichen.« Als Uhrenliebhaber kann man dieser poetisch-philosophischen Betrachtung nur zustimmen. Nichts ist unorganischer als ein winziges Werk in einer Uhr mit 45 mm Gehäusedurchmesser. Ein gutes Beispiel ist der wunderschöne Chronograph von Blancpain.

Luxusuhren waren traditionell entweder aus Gold oder Platin. Stahl blieb der kuranten Ware vorbehalten. Neben Patek Philippe hat auch Blancpain Stahl als Werkstoff für Luxusuhren gesellschaftsfähig gemacht, und für manche dieser Exemplare muss ein Mehrfaches dessen bezahlt werden als für Platin- oder Golduhren weniger renommierter Hersteller.

*Uhrwerke können Inszenierungen sein, die den Betrachter verzücken. Das ist auch die Intention von »only watch« von Blancpain.*

So auch bei dem Blancpain Fliegerchronographen, einer Uhr, bei der die inneren Werte zählen: Beispielsweise ist der Aufzugsrotor aus 18 Karat Gold. Bei einem Chronographen spielt die Werkkonstruktion eine nicht unerhebliche Rolle. Der Kenner möchte eine Schaltradsteuerung. Das in der Uhr verbaute Piguet 1185 gehört zu den Werken, die nur in kleinen Stückzahlen an renommierte Hersteller abgegeben werden. Wegen seines modularen Aufbaus, es kann als Handaufzug, Rattrapante oder Flyback produziert werden, wird es oft irrtümlich als Modulkali-

*Die limitierte Edition der Le Brassus Quantième Perpétuel GMT vereint drei im täglichen Gebrauch sehr nützliche Komplikationen: den Ewigen Kalender, die zweite Zeitzone und eine Mondphasenanzeige bei der Sechs. Das Zifferblatt zeigt bei der Drei das Datum, bei der Neun den Wochentag und bei der Zwölf den Monat. Alle Indikationen berücksichtigen automatisch die unterschiedlichen Monatslängen im Jahreszyklus, ebenso den Einfluss der Schaltjahre. All diese Anzeigen lassen sich bequem über die unter den Bandanstößen platzierten Korrektoren einstellen.*

ber annonciert. Das freilich ist falsch. Es ist ein reinrassiges Automatikchronographenwerk von hoher Exklusivität. Konstruktiv ist es zudem das kleinste und flachste Werk dieser Bauart. Es ist ein Additionsstopper mit Flybackfunktion. Dieses Konstruktionsprinzip war vor allem bei Militärchronographen in der Fliegerei im Einsatz. Bei der Bundeswehr war es

das Valjoux 230, das die Heuer oder Leonidas Chronographen antrieb. Die Besonderheit dieser Schnellschaltung ist, dass der Stoppvorgang ohne vorherige Unterbrechung sofort durch Betätigung des unteren Drückers wieder aktiviert werden kann. Dadurch entfällt das zeitraubende Anhalten und Rückstellen des Chronographenzeigers.

Doch nicht nur werkseitig ist den Uhren ein sehr hohes Niveau zu testieren. Sowohl die Lederbandausführung als auch die entsprechende Stahlbandausführung genügen höchsten Ansprüchen. Alle Lösungen sind bei Blancpain Uhren detailverliebt und wohl durchdacht. Das beginnt bei einem schlichten und doch sehr aufwendig gearbeiteten Kalbsleder- oder Krokoband, dessen Rückseite mit Neopren abgenäht ist. Die Schließe ist sauber gearbeitet und mit dem Blancpain Schriftzug versehen. In dieser Ausführung wirken die Uhren unglaublich dezent. Einige Modelle gibt es auffälliger mit abwechselnd poliertem und satiniertem Stahlband oder in Edelmetall. Die Bandanstöße sind dabei aus dem Vollen gefräst. Verschlossen wird das Band dann mit einer massiven Doppelfaltschließe. Das Gewicht des Chronographen beträgt beispielsweise mit Lederband 61 Gramm, mit Stahlband 141 Gramm. Für den Wassersportler empfiehlt sich letztere Variante, denn die verschraubte Krone und die ebenso verschraubten Drücker garantieren eine Wasserdichtigkeit bis zu einer

Tiefe von 100 Metern. Außergewöhnlich auch die Ausführung der Verschraubung von Krone und Drücker. Saugend greift das Gewinde der Krone, und die Schrauben der Drücker vergrößern aufgeschraubt die Bedienfläche derselben. Der Flyback gehört zur Modellreihe 2100. Diese wurde von Blancpain ins Leben gerufen, um eine absolut alltagstaugliche und dennoch luxuriöse Uhr zu schaffen. Auch alle Komplikationen, die Blancpain im Programm hat, sind jetzt in dem neuen Gehäuse lieferbar.

Das bombierte Saphirglas ist zweifach entspiegelt, sodass beim Betrachter insbesondere bei Tageslicht der Eindruck entsteht, es sei kein Glas montiert. Das Zifferblatt ist Schwarz, die Zeiger sind ebenso wie die arabischen Ziffern mit Leuchtmasse ausgelegt, sodass die Uhr eine hervorragende Ablesbarkeit bei Nacht aufweist. Die Zeiger sind sehr ausladend geworden, und damit kommen wir auf den einzigen Kritikpunkt an dieser Uhr zu sprechen: Sie überdecken manchmal die Totalisatoren, sodass man einen Augenblick warten muss, um die gestoppte Zeit ablesen zu können. Die Positionierung der Totalisatoren und der Kleinen Sekunde sind bei dem Kaliber 1185 klassisch zu nennen: die Minute auf der Drei, die Stunde auf der Neun und die Kleine Sekunde mit integrierter Datumsanzeige auf der Sechs. Selbstverständlich ist die Datumsanzeige mit einer Schnellschaltung versehen, die durch zweimaliges Ziehen der Krone aktiviert wird, sodass auch nach längerem Tragen die Uhr schnell wieder eingestellt ist.

Heute leitet Marc A. Hayek, der Enkelsohn von Nicolas G. Hayek, das Unternehmen, das seit 2005 seine gesamte Produktion in Le Brassus hat. Unter dem Slogan »Blancpain-Tradition der Innovation seit 1735« führt er das erfolgreiche Konzept weiter. Klassische Uhren, an die Tradition angelehnte Modellreihen wie die »Fifty Fathoms« wurden neu interpretiert. Auch der Kompetenzbeweis wurde durch die Kollektion »Apotheosis Temporis«, die es nur im Set von acht Uhren gibt, neu zementiert. Alle diese Uhren werden nun auch automatisch aufgezogen und in einem Uhrenbeweger ausgeliefert, der garantiert, dass für den glücklichen Besitzer jedes Stück allzeit verfügbar ist. Zum Set gehören Tourbillon, die extraflache Uhr, die Minutenrepetition, ein Eindrückerchronograph mit Schleppzeiger, die Mondphasenuhr, der Ewige Kalender, eine Zeitzonenuhr und ein Ewiger Kalender mit Sonnenzeiger und einer Ellipsenscheibe, die die Sonnenzeit »programmiert«. Alle diese Uhren sind in ein 38-mm-Gehäuse aus Platin eingeschalt. Ein weiteres Highlight bei den neuen Produkten ist der Ewige Kalender, bei dem die Korrekturdrücker für die Anzeigen innen unter den Bandanstößen verborgen liegen. Diese können nun ohne Werkzeug bedient werden – ein echter Fortschritt bei einer komplizierten Uhr.

# Von 1775 bis heute – Vacheron Constantin, die älteste Uhrenmarke der Welt

Vacheron Constantin ist mit ihrem Geburtsjahr 1755 nachweislich die älteste durchgängig produzierende Uhrenmarke der Welt. Es ist der 24 Jahre alte Uhrmachermeister Jean-Marc Vacheron, der die Marke in Genf ins Leben ruft. Von Generation zu Generation wird die Firma vererbt, bis der Urenkel Jacques-Barthélemy Vacheron seinem Freund Jean-François Constantin, nach vorangegangener Zusammenarbeit, die Teilhaberschaft anbietet, und so wird am 1. April 1840 die Marke Vacheron Constantin ins Handelsregister eingetragen. Als im Jahre 1839 Georges-Auguste Leschot zum technischen Direktor des Unternehmens berufen wird, werden Produktionsabläufe reorganisiert und eine serielle Fertigung etabliert. Möglich wird dies durch den Pantographen, eine Maschine, die eine Gleichteile-Herstellung ermöglicht, womit Teile nun auch untereinander ausgetauscht werden können,

*Goethe konstatierte: »Der Mensch braucht Wurzeln und Flügel.« Für ein Traditionsunternehmen heißt das auch, neue Ideen zu entwickeln. Bei Vacheron sind dies beispielsweise transluzente Saphirgläser mit fälschungssicherer Geheimsignatur.*

was zuvor bei reinen Handarbeitsprodukten nicht möglich war. Das Unternehmen wechselt zudem seinen Sitz und zieht in die Tour d'Ile am Rand des Genfer Sees im Zentrum der Stadt. Das Unternehmen ist eine anerkannte Größe in Genf und erhält von der »Genfer Société des Arts« eine Auszeichnung für die besten Pionierleistungen auf dem Gebiet des Uhrenbaus. Als César Vacheron 1869 stirbt, übernimmt sein Sohn Charles das Unternehmen. Als dieser nur ein Jahr später im zarten Alter von nur 25 Jahren ebenfalls sein Leben verliert, übernehmen die beiden Witwen Catherine Etierinette Vacheron, damals schon hoch betagt und Laure Vacheron Pernessin die Firma. Das Unternehmen hatte in den vergangenen Jahren wechselnde Namen geführt, als aber Jean-François Constantin Mitte der 70er-Jahre des 19. Jahrhunderts in die Firma zurückkehrt, heißt das Unternehmen wieder Vacheron Constantin.

Im Jahre 1880 ließ er das Malteserkreuz als Logo der Marke Vacheron Constantin eintragen. Vorlage dazu war die Nachbildung eines kleinen Rades auf dem Federhausdeckel.

Nach dem Tod der beiden alten Damen wird das Unternehmen in eine Aktiengesellschaft umgewandelt. Im Jahre 1911

*Das neue Fabrik- und Verwaltungsgebäude in Plan-les-Ouates bei Genf ist die neue Heimat von Vacheron Constantin.*

beginnt man mit der Produktion von Armbanduhren, gleichzeitig aber wird auch die Entwicklung komplizierter Uhren vorangetrieben. Vacheron Constantin beherrscht alle Besonderheiten der Haute Horlogerie. Für König Farouk von Ägypten wird eine Grande Complication hergestellt, die mit zu den kompliziertesten Uhren der damaligen Zeit gehört. Im gleichen Jahr, 1938, wird die Zusammenarbeit mit Jaeger-LeCoultre intensiviert und deren Rohwerke verwendet. Doch die Geschäfte für einen Luxusuhrenhersteller gehen vor dem Hintergrund des Zweiten Weltkriegs schlecht. 1940 sieht sich Charles Constantin gezwungen, die Aktienmehrheit an Georges Ketterer zu verkaufen, der ab 1940 Hauptaktionär der Firma ist.

Die Familie Ketterer verkaufte 1985 ihre Aktienmehrheit an den früheren saudiarabischen Erdölminister Scheich Yamani,

der allerdings keinen direkten Einfluss auf die Firmenleitung, die weiterhin in Schweizer Hand blieb, nahm. Heute gehört Vacheron Constantin zur Richemont-Gruppe und beschäftigt weltweit rund 400 Mitarbeiter, von denen die meisten in der Manufaktur in Plan-les-Ouates bei Genf tätig sind. Zu dieser Gruppe gehören auch Cartier, Piaget, Panerai und Montblanc sowie die zugekauften Marken der ehemaligen Mannesmann Gruppe Jaeger-LeCoultre, A. Lange & Söhne und IWC. Vacheron Constantin ist in 80 Ländern der Welt mit Stützpunkten vertreten und wird in über 15 eigenen Boutiquen sowie einem Netz von etwa 500 Verkaufsstellen vertrieben. 2005 feierte man das 250-jährige Firmenjubiläum.

Die Linie Malte (dieser Name erinnert an das Malteserkreuz, das ja das Markenzeichen des Hauses ist) bildet das Rückgrat der Produktlinie von Vacheron Constantin und hebt mit Nachdruck ihre Stärken hervor. In diesen Zeitmessern verschmelzen modernes Design und höchste Uhrmachertechnik zu einer starken eigenen Identität. Von der Malte Kollektion gibt es den Chronographen mit Gangreserve und Datum, die Minutenrepetition mit Ewigem Kalender, einen Regulator mit Dual

*Ein Modell der Patrimony Kollektion mit Handaufzug und Kleiner Sekunde. Wie die meisten Modelle verfügt auch dieses über die Genfer Punze, die höchste Uhrmacherkunst garantiert.*

Die Patrimony Kollektion zeigt sich mit Vorliebe klassisch und verkörpert die Grundwerte von Vacheron Constantin. Im Takt von einfachen bis hoch komplizierten Uhrwerken bieten die Patrimony Modelle mit zeitgemäßem Stil Eleganz, gepaart mit dem einzigartigen Know-how und der Erfahrung von Vacheron Constantin. Es gibt sie in den unterschiedlichsten Varianten, als Classique mit oder ohne Goldarmband, als Modell Contemporaine, eine Automatikuhr mit Datum und sogar als Modell Traditionelle mit Ewigem Kalender.

Sportlich-technischer ist die Linie Overseas. Es gibt sie, neben dem Drei-Zeiger-Modell, auch als Chronograph und Dual Time mit der Anzeige einer zweiten Zeitzone; überdies die Linie Historique, die, ausgehend von den Ikonen aus dem reichen Erbgut des Hauses, Neuinterpretationen entstehen lässt. Zur Zeit gibt es zwei Modelle, den Chronomètre Royal von 1907 und die Toledo von 1952.

In der Uhrenlinie Métiers d'Art sind Fachwissen und Fertigkeiten jahrhundertealten Kunsthandwerks vereinigt: das Emaillieren, die Juwelierarbeiten, das Skelettieren von Uhrwerken, die Handgravur der Werkteile und des Gehäuses. In dieser Uhrenreihe findet man brillantbesetzte

*Genfer Schliff und Perlagen, auch dort, wo man sie nicht sieht, zeichnen unter anderem hochwertige Uhrwerke aus.*

Time-Anzeige, einen Ewiger Kalender mit retrograder Anzeige sowie ein Tonneau als Chronograph, Dual Time und verschiedenen Tourbillon-Varianten.

Uhren ebenso wie emaillierte Zifferblätter mit Weltkartenmotiven. Die Kollektion Cabinotiers bildet den Gipfel der hohen Uhrmacherkunst. Die kreativsten Talente von Vacheron Constantin arbeiten an diesen Uhren, um wahre Meisterwerke, wie beispielsweise die Skelett-Minutenrepetition, Zeitgleichung, Sonnenaufgang und -untergang zu entwerfen.

Auch nach mehr als 250 Jahren eine

*Die Grande Complication, die einst exklusiv für König Farouk gebaut wurde. Man beachte die Gangreserveanzeige für die Sonnerie, also das Schlagwerk der Uhr bei der Neun. Die Gangreserveanzeige für das Uhrwerk liegt bei der Drei.*

beeindruckende Marke mit faszinierenden Produkten, die ganz im Geist der Gründungsväter weitergeführt wird.

# Faszination der Geschwindigkeit – TAG Heuer, die Rennsportuhr

Wohl keine Uhrenfirma ist so eng mit dem Chronographen verbunden wie Heuer. Von den 1940er- bis weit in die 1970er-Jahre war es der Wunsch eines jeden jungen Mannes, einen Heuer Chronographen sein Eigen nennen zu können. Die Carrera mit dem ersten Automatikkaliber 11 oder die Montreal mit dem gleichen Werk übten eine ungeheure Faszination auf sport- und rennsportbegeisterte Fans aus. Populäre Träger wie Steve McQueen, Niki Lauda, Clay Regazzoni oder früher noch Juan Manuel Fangio machten die Uhr zum Instrument der Professionals. Selbst der Werbung auf seinen Autos stets kritisch gegenüberstehende Enzo Ferrari gestattete den Heuer Aufkleber auf seinen Formel 1-Boliden. Und so waren Jody Scheckter, Jacky Ickx, Mario Andretti und Gilles Villeneuve die Männer, die die Werbebotschaft der Heuer Uhren am Handgelenk trugen, während die Zeitmessung für die Scuderia Ferrari von den Heuer Spezialisten betrieben und weiterentwickelt wurde. Heuer war von

*Mit der Heuer Carrera Calibre 16 knüpft das Unternehmen an ein ruhmreiches Produkt an, auch wenn die moderne Interpretation über ein modifiziertes Valjoux 7750-Automatikwerk verfügt.*

1971 bis 1979 offizieller Zeitmesser von Ferrari. Aber auch die Bundeswehrpiloten trugen in den 1950er- und 1960er-Jahren Heuer Chronographen mit Flyback, die über das Valjoux Kaliber 230 verfügten. Bei den Handaufzugsuhren verbaute Heuer in erster Linie die hochwertigen Valjoux Kaliber. Vielflieger trugen stolz ihre Heuer Autavia GMT mit einem modifizierten Valjoux 72, einem Handaufzugsschaltradwerk mit 24-Stunden-Anzeige.

Doch wie viele andere lief auch Heuer in die »Quarzfalle«. Anfänglich positionierte man sich mit hochpreisigen Modellen wie der Chronosplit GMT mit Digital- und Analoganzeige oder 1975 dem ersten Quarz-Chronographen Chronosplit mit LCD-Anzeige – neben den weiter produzierten Mechanikmodellen – noch recht erfolgreich im Markt. Doch dann rasten die Preise für die Quarztechnik in den Keller, und immer mehr Billiguhren aus Fernost dominierten den Markt. Wurde der 1972 lancierte Microsplit, der zuerst die Zehntel- und ein Jahr später sogar die Hundertstelsekunde messen konnte, anfänglich in einer dekorativen roten Kiste für 1500 Franken verkauft, so lag der Preis vier Jahre später bei 100 Franken. Bei diesen Preisen konnten die hohen Entwicklungskosten kaum eingespielt werden.

1860 hatte Edouard Heuer das Unternehmen in St. Imier aus der Taufe gehoben. Neun Jahre später erhält er ein Patent für einen schlüssellosen Aufzug. Schon 1882, vier Jahre vor der Erfindung des Automobils – mit dem das Tempo in die Welt einzieht –, beginnt er mit der Produktion von Taschenuhrchronographen. Als Edouard im Jahre 1892 stirbt, übernehmen Charles-Auguste Heuer und Jule-Edouard Heuer die Alleingesellschafterrolle bei der Edouard Heuer & Co. 1902 macht man einen Jahresumsatz von 152 000 Franken. 1912 erfolgt die Umbenennung der Firma in Ed. Heuer & Co. Rose Watch Co. und die Aufnahme der Produktion von Damenarmbanduhren.

In erster Linie aber befasst man sich mit dem Instrument, dessen die beschleunigte Gesellschaft zu Lande, zu Wasser und in der Luft dringend bedurfte: dem Chronographen. 1914 entsteht der erste Armbandchronograph mit einem Valjoux Werk und der Aufzugskrone bei der Zwölf. Zwei Jahre später wird der Mikrograph vorgestellt, der mechanisch die 1/100-Sekunde messen kann. Man expandiert und kauft 1919 die Marke Jules Jürgensen. Ein Chronograph dieser Marke wird dann ein Jahr später bei der Olympiade in Antwerpen zur offiziellen Zeitmessung eingesetzt. Die Weltwirtschaftskrise geht auch an Heuer nicht spurlos vorüber, 1932 ist das schlechteste Umsatzjahr der Firmengeschichte. Man besinnt sich auf die Grundwerte, veräußert in den kommenden Jah-

ren zuvor akquirierte Unternehmen, baut 1933 das erste Borduhrenset für die damals populären Langstrecken- und Geländefahrten und präsentiert 1939 stolz den ersten wasserdichten Armbandchronographen.

Welche Möglichkeiten der Chronograph bot, zeigte sich nach dem Krieg. 1950 kommt der erste Chronograph mit Gezeitenindikation auf den Markt. 1960 kauft Heuer die Uhrenfirma Leonidas und firmiert nunmehr unter Heuer-Leonidas SA. Im gleichen Jahr wird die Produktlinie Carrera, benannt nach der gleichnamigen Langstreckenrallye, lanciert. Jack W. Heuer, der heute der Grand Old Man der Marke ist, trat 1958 bei Heuer ein und übernahm die Aktienmehrheit 1961.

Viele Chronographenvarianten erscheinen: die Carrera 1965, mit digitaler Datumsanzeige auf der Neun, sowie im gleichen Jahr die schon erwähnte Autavia. Der Microtimer, ein elektronisches Zeitmessgerät mit einer Messgenauigkeit von 1/1000-Sekunden, folgt ein Jahr später und zeigt die Kompetenz auch in Hinblick auf die elektronische Zeitmessung. 1969 wird das erste Automatikchronographenkaliber mit Microrotor sowie die Monaco als erster rechteckiger, wasserdichter Chronograph vorgestellt.

Jack W. Heuer bringt das Unternehmen 1970 an die Börse. In den USA erlebt er den Aufstieg der Chiptechnologie im Silicon Valley. Bo Noyce, Gründer von Intel und großer Ferrari-Fan, zeigt Heuer eine der ersten Waverfabs (Chipfabrik), die Uhrenchips für die LCD-Uhren produzieren. Damals hätten noch eine Million Dollar für den Kauf einer solchen Fabrik gereicht, aber Heuer hatte nicht das Kapital, und seine Schweizer Freunde, denen er den Fall schilderte, begriffen nicht, was in den USA vorging. So war es dann auch nicht die analoge Digitaluhr, die das Aus für die Schweizer Uhren brachte, sondern die Digitaluhren von Fairchild und National Semiconductors, die mit ihren Uhren für 19,95 Dollar den Volumenmarkt für Uhren von einem Tag auf den anderen überrollten.

1982 übernahm Piaget die Heuer-Leonidas SA, und Jack Heuer schied aus dem Unternehmen aus. Drei Jahre später verkaufte Piaget, deren Kompetenz eher im Bereich der Schmuckuhren angesiedelt war, das Unternehmen an die international agierende Gruppe Techniques d'Avantgarde (TAG). So wurde aus Heuer TAG Heuer.

1999 dann wird TAG Heuer an die LVMH-Gruppe verkauft (Louis Vuitton Moët Hennessy). Hier besinnt man sich wieder auf die Tradition und Kernkompetenz des Unternehmens, faszinierende Sportuhren zur Kurzzeitmessung herzustellen.

Heute gibt es neben der Monza Caliber 36 mit Schaltradchronographenkaliber auch den Mikrotimerdigitalchronograph mit einem bei Heuer entwickelten Quarzwerk, die erste Armbanduhr, mit der sich die 1/1000-Sekunde messen lässt. So

*Nach wie vor ist Heuer ein Chronographenspezialist, der neben dem Valjoux 7750 auch das Zenith 400 mit 36 000 A/h verbaut. Dennoch werden nicht nur Automatikuhren gefertigt, sondern auch Chronographen mit Quarztechnologie.*

präsentiert man immer wieder überraschende Interpretationen des Chronographenthemas wie die Monaco Sixty Nine, eine Wendeuhr mit flachem Handaufzugswerk auf der einen und dem Heuer Quarzwerk auf der anderen Seite, als Stoppuhr mit 1/1000-Sekunde Messgenauigkeit. Traditionalisten können mit der Classic-Linie von Heuer Neuinterpretationen historischer Modelle wie der Carrera oder Monaco erwerben, in denen mechanische Uhrwerke ticken. Einige sind sogar als Hommage an Rennfahrerberühmtheiten ediert wie die Targa Florio, auf deren Rückseite die Daten der fünf von Manuel Fangio gewonnenen Weltmeisterschaften verzeichnet sind.

# Paul Picot – Auch eine junge Marke kann traditionelle Uhren bauen

Auch wenn der Name anderes vermuten lässt: Paul Picot ist eine noch junge Marke, die 1976, mitten in der Zeit des »Quarzschocks«, ins Leben gerufen wurde. Man fühlte sich dem traditionellen Uhrmacherhandwerk verbunden und wollte, ganz gegen den vorherrschenden Trend, auch weiterhin hochwertige mechanische Armbanduhren anbieten. Initiator dieses neuen, der traditionellen Uhrmacherkunst verbundenen Unternehmens mit Sitz in Le Noirmont im Schweizer Jura ist der Italiener Mario Boiocchi, der als Uhrenimporteur tätig war.

Paul Picot war eines der ersten Unternehmen, das das ansonsten eher für Gebrauchsuhren verwendete Lemania Kaliber 5100 in einen attraktiven Luxuschronographen verpackte. Das »U-Boot«, so der Name der Uhr, bietet neben gutem Design auch ein für Sammler interessantes Innenleben. Gleiches gilt für die »Le Rattrapante 310«, ein Kalenderchronograph mit Mondphase und Rattrapante-Steuerung, der werkseitig auf dem Schleppzeigerchronographenkaliber Ve-

nus 179 basiert. Vom Preis her konkurriert dieses Modell direkt mit den absoluten Spitzenmarken wie beispielsweise den Kalenderchronographen von Patek Philippe, die allerdings über einen Ewigen Kalender verfügen. Etwas preiswerter ist das Modell »Technikum«, das drei Komplikationen in sich vereint, die kein anderer Hersteller in dieser Mischung anbietet. Grund genug, diesen Exoten einmal genauer anzusehen.

Angezeigt werden bei diesem Modell Tag und Datum sowie die Gangreserve. Darüber hinaus verfügt die Uhr über einen Rattrapantechronographen. Das Paul Picot Kaliber 8888 ist von der COSC. zertifiziert, was die Uhr als echten Chronometer ausweist. Basis für dieses Werk ist das von vielen Herstellern verwendete Valjoux 7750, das allerdings von Paul Picot nachhaltig modifiziert wurde. Allein über 70 weitere mechanische Teile wurden hinzugefügt. Das Werk hat einen Durchmesser von 28,9 mm (13 $^1/_4$ Linien) und eine Höhe von 8,7 mm. Aufgezogen wird das Automatikkaliber von einem Goldrotor aus 21 Karat. Die Schwingungszahl beträgt wie auch beim Basiskaliber 28 800 Halbschwingungen pro Stunde. Leider liegt der Rattrapantemechanismus mit Schaltrad und Zange unter dem Ziffer-

*Mit diesem Schleppzeigerchronographen, in dessen Innerem ein überarbeitetes Valjoux 7750 tickt, demonstriert Paul Picot Kompetenz in Sachen Mechanik.*

blatt und kann so durch den mit sechs Schrauben befestigten Saphirglasboden der Uhr in seiner Arbeit nicht beobachtet werden. Dennoch bietet das von Hand dekorierte Werk mit seinen gebläuten und vergoldeten Schrauben sowie den mit Wölkchenschliff versehenen Platinen einen wunderschönen Anblick.

Das opulent gestaltete, dreiteilige Gehäuse erinnert an eine wertvolle Taschenuhr. Runde, barocke Formen dominieren. Dazu gehört auch das bombierte Saphirglas. Mit einem Durchmesser von 40,5 mm und einer Höhe von 15 mm ist die »Technikum« kein zierliches Ührchen, sondern am Handgelenk recht präsent. Das Gewicht beträgt 85 Gramm. Die Bandanstöße an der Uhr sind verschraubt, an der Stiftschließe hingegen mit den ansonsten üblichen Federstegen befestigt. Die zwiebelförmige Krone hat einen Flankenschutz und lässt sich sehr gut bedienen. Die Chronographenfunktion ist in der für einen Additionsstopper üblichen Art ausgeführt, der Drücker für den Rattrapante-Zeiger liegt bei der Acht. Die angenehm zu bedienenden Drücker haben einen spürbaren Druckpunkt. Einziger Makel der ansonsten effektiven Chronographenfunktion war, dass sich der Minutenzeiger bei Betätigung der Stoppeinrichtung manchmal minimal mitbewegte, was seinen Grund in dem nicht direkt angetriebenen Minutenzeiger hat.

Die Uhr ist auch mit einem Metallband erhältlich, das einen sportlichen Einsatz

ermöglicht. Da sie bis 5 atm wasserdicht ist, braucht sie auch beim Schwimmbadbesuch nicht abgelegt zu werden. Das massiv silberne Zifferblatt der Uhr präsentiert sich kunstvoll guillochiert. Die Minuterie ist in Fünferschritten unterteilt, die Stunden sind lediglich als pyramidenförmige Indizes vorhanden. An der Rehaute befindet sich die von 60 bis 1000 km reichende Tachymeterskala. Bei der Zwölf befindet sich innerhalb des Totalisators für die Minuten die blau ausgeführte Wochentagsanzeige. Korrigiert wird diese durch einen Drücker, der bei der Zehn eingelassen ist. Der bei dem Valjoux Kaliber 7750 ansonsten vorhandene Totalisator für die Stunden ist einer Gangreserveanzeige gewichen, deren Anzeigenbereich ca. 47 Stunden abdeckt. Trägt man die Uhr dauernd, so verlässt der Zeiger der Gangreserve kaum einmal den Bereich des Vollaufzugs. Die permanente Kleine Sekunde befindet sich auf der Neun; auf der Drei, als Totalisator ausgeführt, die Datumsanzeige über Zeiger. Eingestellt wird das Datum über die Krone in der ersten Rastung.

Wie schon bei der Wochentaganzeige, gibt es auch hier einen kleinen Farbtupfer durch die rot gefertigte »31«. Die Zeiger für Stunden und Minuten sind als Breguet Zeiger gearbeitet, was gut zu der etwas altmodischen Anmutung der Uhr passt. Die Ablesbarkeit kann naturgemäß, bedingt durch die vielen Indikationen, nicht so gut sein wie bei einer norma-

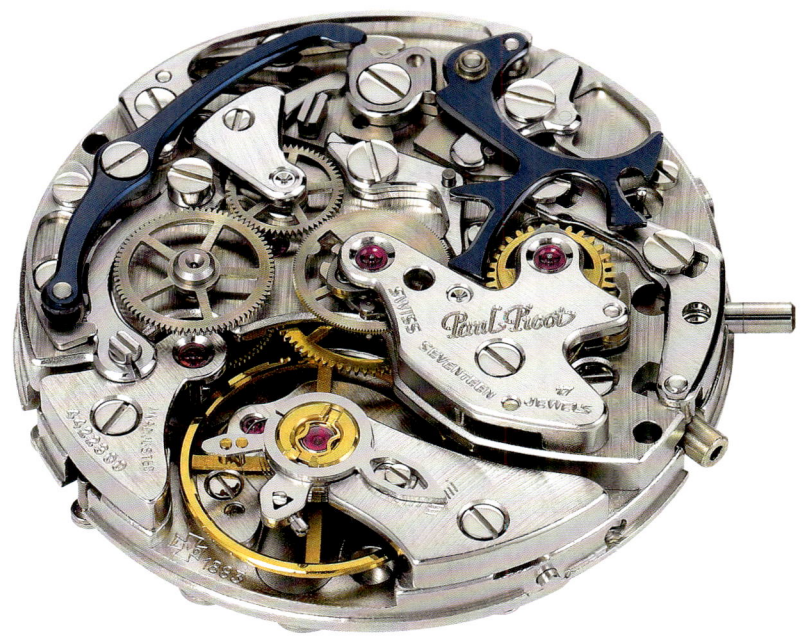

*Das Lemania Handaufzugskaliber 1883 bietet die Basis für einen Mondphasen-Chronographen.*

len Drei-Zeiger-Uhr. Dennoch ist die Technikum eine ideale Alltagsuhr für all jene, die das Besondere suchen. Sieht man sich den Preis der Uhr an, wird sich daran auch so schnell nichts ändern. Von der Wertigkeit der Komplikationen ist der Schleppzeigermechanismus der Technikum allerdings auch hoch zu bewerten. Der noch nicht so hohe Bekanntheitsgrad der Marke sichert dem Träger eine gewisse Unauffälligkeit. Für den, der das Understatement auf die Spitze treiben will, gibt es die Uhr auch in Platin oder Weißgold.

Die Technikum ist aber nur ein Modell aus einer Reihe interessanter Uhren dieser Firma. So gibt es noch den C Type, einen Titanchronographen mit sage und schrei-

be 48 mm Durchmesser oder die Firshire, eine Uhr mit Tonneaugehäuse, Regulatorzifferblatt und Gangreserveanzeige. Beim Technograph handelt es sich um einen Chronographen, bei dem der Totalisator und die Kleine Sekunde retrograd und halbmondförmig dekorativ jeweils rechts und links vom Zifferblatt angeordnet sind. Mit dem Tourbillon Atelier, das über eine Gangreserve von fünf Tagen und über eine Anzeige derselben verfügt, zeigt man deutlich, wo man die eigene Marke sieht: ganz oben.

# Jetzt auch marketingtechnisch an der Spitze – Zenith

Seit 1865 produziert Zenith in der Schweizer Jura-Stadt Le Locle hochwertige Uhren; zunächst Taschenuhren, später dann Armbanduhren. Es war der 22-jährige Georges Favre-Jacot, der die »Fabrique des Billodes« gründete und die Uhren zuerst mit seinem Namen signierte. Der Produktname Zenith kam dem Firmengründer beim Anblick des abendlichen Sternenhimmels, der ihn an das perfekte Ineinandergreifen der Räder eines Uhrwerks erinnerte. Und so nannte er seine Uhren nach dem höchsten Punkt desselben: dem Zenith. Aus diesen fast lyrischen Marketingüberlegungen resultierte der fünfzackige Stern – bis heute Markenzeichen aller Zenith Uhren.

An der Wende zum 20. Jahrhundert wurde die Produktion um Bordchronometer, Tischuhren, Präzisionspendeluhren und später auch Marinechronometer erweitert. Mit der Umwandlung der Firma 1911 in eine Aktiengesellschaft wurde der Marken- nun auch zum Unternehmensnamen. Dem Unternehmen gebührt das Verdienst, den ersten Automatikchronographen mit zentral angeordnetem Kugel-

*Nach wie vor ist das El Primero Zenith Kaliber 400, ein automatischer Schaltradchronograph, Basis für die meisten komplizierten Zenith Modelle.*

lagerrotor gebaut zu haben. Nach fünfjähriger Entwicklungszeit und kurz vor dem Erscheinen des Kalibers 11 (verantwortlich zeichnete die Projektgruppe Breitling, Heuer-Leonidas, Hamilton/ Büren und Dubois Dépraz) präsentierte Zenith im März 1969 stolz sein »El Primero«, ein eigenständiges Chronographenkaliber mit Zentralrotor, Schaltrad und einer Schwingungszahl von 36 000 Halbschwingungen. Eine klassische Konstruktion, die als Kaliber 400 und 410, dann mit Vollkalender und Mondphasenanzeige, über Jahre das Nonplusultra im Chronographenbau darstellte.

Die Zenith Stoppuhren waren die einzigen, mit denen sich die 1/10-Sekunde stoppen ließ. Mit einem Durchmesser von 13 Linien, was 30 mm entspricht, besitzt das Kaliber eine stattliche Größe. Die Höhe liegt bei 6,50 mm oder 7,55 mm bei der Version mit einfachem Vollkalendarium. Besonderes Merkmal ist ein klassisches Schaltrad zur Steuerung der drei Chronographenfunktionen Start, Stopp und Nullstellung. Für eine hohe Ganggenauigkeit, die durch ein Chronometerzertifikat belegt wird, sorgt bei diesem Werk eine Glucydur-Unruh, gepaart mit einer erstklassigen amagnetischen und autokompensierenden Anachron-Flachspirale. In der kompliziertesten Version besteht die Uhr aus 354 verschiedenen Bestandteilen. Dabei finden 41 Schrauben Verwendung, und 31 Steine mindern den Verschleiß. Die einfache Version muss an mehr als 50 Stellen geschmiert werden. Die hierbei verwendeten Öle besitzen zehn verschiedene Viskositäten. Die extrem strapazierte Hochleistungshemmung erhält vier Trockenschmierungen. Bei der Ausführung mit Vollkalendarium kommen 38 Schmierstellen hinzu.

Als die als »Mondia-Zenith-Movado« firmierende Holding-Gesellschaft 1971 von der amerikanischen Zenith Radio Corporation aus Chicago (Amerikas größtem Konzern für die Herstellung elektronischer Komponenten) übernommen wurde, sollte das Unternehmen bald nur noch als Vertriebsbasis für in den USA gefertigte Quarzwerke dienen. Die Amerikaner ordneten 1978 sogar an, die Produktion der mechanischen Werke einzustellen und alle Uhrwerke, Furnituren und Maschinen zu vernichten. Es ist der Insubordination des damaligen Leiters des Chronographen-Ateliers Charles Vermot zu verdanken, dass dieser Wahnsinn nicht in die Tat umgesetzt wurde. Dieser versteckte große Mengen an Werken, Werkzeugen, Maschinen sowie sämtliche Konstruktions- und Fertigungszeichnungen des El Primero Kalibers auf dem Dachboden der Firma, was niemandem auffiel. Dieses faszinierende Uhrwerk trug mit dazu bei, den mechanischen Chronographen wieder gesellschaftsfähig zu machen.

Ebel präsentierte 1983 seinen neuen Chronographen mit diesem Werk, in einer Zeit also, als mechanische Uhren wie Blei in den Geschäften lagen. Er hat ein eigenwilliges, fast verspielt wirkendes Design mit römischen Zahlen und einer winklig zum Zifferblatt stehenden Tachymeterskala. Trotz seiner Höhe von 11,2 Millimetern wirkt er wegen des konisch zulaufenden Bodens am Handgelenk sehr flach. Typisch für Ebel: die fünf Schrauben zur Befestigung der Lünette. Das Zifferblatt der Ebel liegt unter einem entspiegelten Saphirglas, der Boden ist mit einem Sprengdeckel verschlossen. Aber auch viele andere Hersteller verwenden das Zenith Werk. Prominentester Kunde war Rolex, die das Werk nach einem Umbau, bei dem die Schwingungszahl auf 28 800 Halbschwingungen reduziert wurde, bis ins Jahr 2000 in seinen Chronographen verbauten. Aber auch Zenith baut mit diesem Werk wunderschöne Chronograpen, pflegt aber einen eher zurückhaltenden Auftritt, sodass nur Kenner den wahren Wert der Marke und dessen technisches Potential erkennen.

1994 präsentiert Zenith mit dem Uhrwerk Elite erneut ein Manufakturkaliber. Fünf Jahre Forschung benötigte die Manufaktur in Le Locle für die Entwicklung dieses extraflachen Kalibers. Das Uhrwerk ist nur 3,28 mm dick und erreicht 28 800 Halbschwingungen pro Stunde. Es weist technische Besonderheiten auf wie sofortigen Datumswechsel, Sekundenstopper, mehr als 50 Stunden Gangreserve und Feineinstellung. In der Kollektion von Zenith ist dieses Kaliber jenes mit den meisten Kombinationsmöglichkeiten. Neben Stunden- und Minutenanzeige und Kleiner Sekunde bei der Neun (eines der Markenzeichen der Marke) können Zusatzfunktionen wie z. B. Dual Time oder Anzeige der Gangreserve integriert werden. Es existiert als Handaufzugswerk oder als Automatikwerk. Mit dem Elite-Uhrwerk ist es gelungen, Qualität, Zuverlässigkeit und Präzision bei einer Drei-Zeiger-Uhr in eine elegante Form zu bringen.

Mit dem Verkauf von Zenith an die LVMH gab es hinsichtlich des öffentlichen Auftritts des Unternehmens und dem Produktdesign einen radikalen Schnitt. Entsprechend der technischen Kompetenz von Zenith wollte der neue CEO Thierry Nataf die Marke im oberen Topsegment positionieren. Neben ausgedehnten Sponsor- und Marketingaktivitäten führte dies auch zu einer deutlichen Preissteigerung. Auf der Basis des Zenith El Primero und des Elite-Werks wurden klassische, aber auch martialisch gestaltete Uhren in zum Teil extremen Größen sowohl für Damen als auch für Herren im Markt positioniert. Dazu kamen so ungewöhnliche Konstruktionen wie das Defy Xtreme Tourbillon auf El Primero Basis oder die Serie Mega Port Royal Open Grande Date und Defy Classic Open, ebenfalls von dem Schnellschwinger angetrieben. Die skelettierte Unruh ist bei diesen Modellen das Mar-

*Das Geschäfts- und Verwaltungsgebäude von Zenith in Le Locle.*

kenzeichen. Natürlich gibt es auch den klassischen Stil noch, wobei der Chronomaster, jene wunderschöne Kalenderuhr mit Mondphase, noch um die Komplikation eines Flybackmechanismus ergänzt wurde. Bei der Class Traveller Repetition Minutes handelt es sich gar um eine Minutenrepetition mit Chronograph, Großdatum, Dual Time-Anzeige, Alarm- und Vibrationsfunktion und einer zweifachen Gangreserveanzeige. Das halboffene Zifferblatt gibt dabei den Blick auf die Unruh des Automatikwerks des El Primero 4031 frei. Mit diesen Uhren ist Zenith zweifellos im Gespräch.

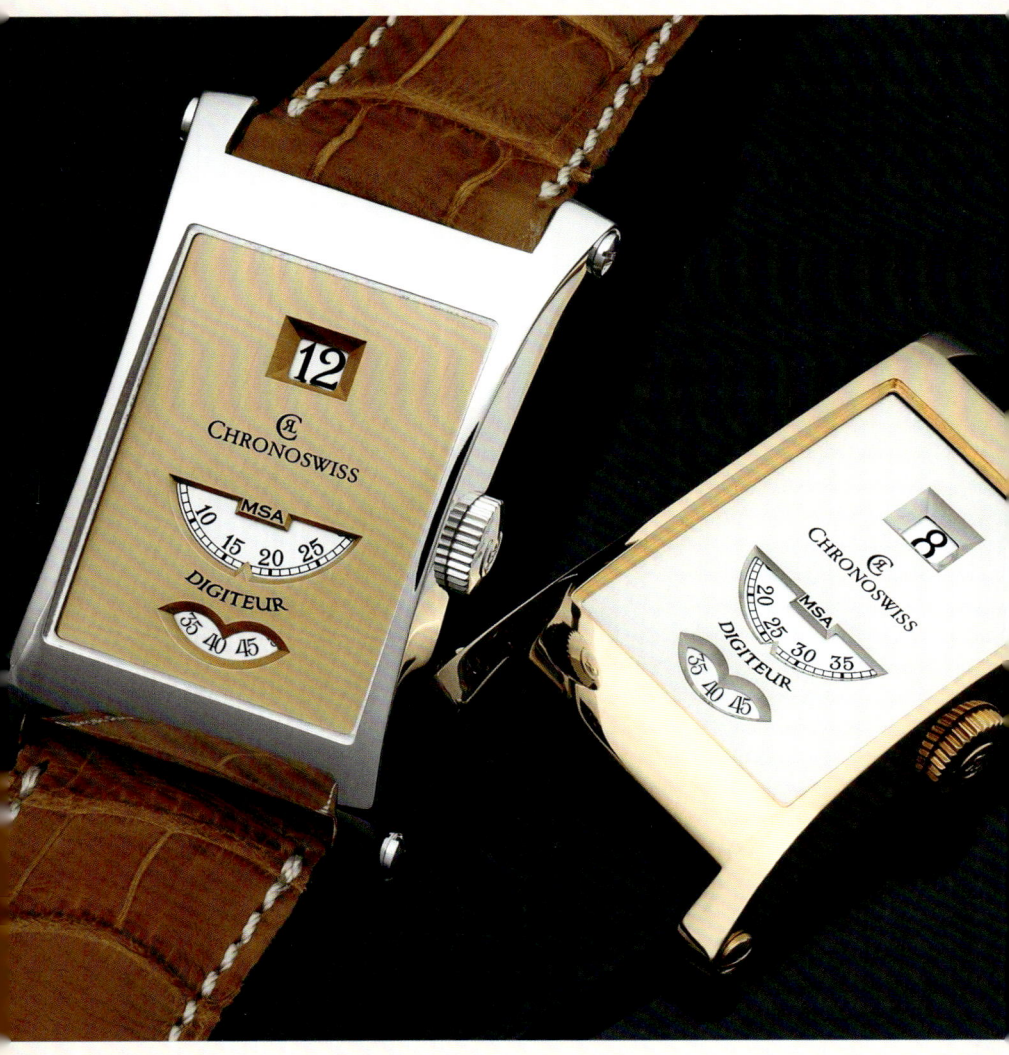

# Chronoswiss und Rüdiger Lang – Authentische Gefühle durch die Faszination der Mechanik

Anfangs hatte der Uhrmacher Rüdiger Lang nur für die Schweizer Uhrenfirma Heuer gearbeitet. Aber dann plötzlich kamen auch Menschen gezielt auf ihn zu, weil sie wussten, dass er kein Freund von Quarzuhren war. Sie beauftragten ihn, in der Schweiz danach zu schauen, »ob es da noch ein paar alte Posten von mechanischen Uhren« gäbe, möglichst mit Mondphase. Alfred Rochat, bei dem Lang seine Ersatzteile kaufte, hatte noch welche – im Ganzen 300, von denen Lang 20 erwarb. Er zeigte sie dem Uhrensammler Gisbert Brunner, der schon damals in den Uhrenläden nach Oldtimern gesucht hatte – es wollte sie zu jener Zeit ja niemand. Dieser war total begeistert, was Lang in seiner Initiative ermutigte.

Diese Uhren verkaufte er anfänglich noch mit dem Zifferblattaufdruck Rochat. Allerdings schon mit Glasboden, um zu zeigen, was man da Schönes gekauft hatte. Die Uhren wurden entsprechend umgearbeitet.

*Springende Stunde und digitale Anzeige von Sekunden und Minuten, mechanisch angetrieben, gab es schon in den 1930er-Jahren bei Eterna. Chronoswiss erweckte diese Bauart auch für das 21. Jahrhundert.*

Im zweiten Jahr dann sagte er sich: »Wenn du schon Uhren verkaufst, musst du dir einen Namen ausdenken, einen Firmennamen.« Wie der Name Chronoswiss letztendlich zustande kam, lässt sich heute nicht mehr feststellen. Aber er wurde nun auf die Zifferblätter aufgedruckt und 1984 als Markenname geschützt.

Als die mechanischen Armbanduhren aus den Schaufenstern verschwunden waren, begann sich so etwas wie eine Armbanduhren-Sammlerszene zu bilden. Zuvor war das Sammeln von Armbanduhren geradezu verpönt gewesen. Uhrensammler hatten nur Taschen- oder Präzisionspendeluhren gesammelt.

Diese Klientel wurde von Lang gezielt angesprochen. Er montierte an seine Uhren gute Lederbänder und verpackte sie in ein edles Etui, auf dem »Alfred Rochat, Montres Compliqués« aufgedruckt war.

Zunächst hatte er eine Handaufzugsuhr im Sortiment, dann kam eine Automatik dazu. Rüdiger Lang besuchte noch andere Hersteller in der Schweiz; die Firma Kelek zum Beispiel, von der er wusste, dass diese auch mechanische Uhren herstellte, auch Numa Jeannin oder Lemania, Le Phare oder Schaffo. Von Kurt Schaffo kaufte er die ersten Skelettuhren und

*Chronoswiss Chef Rüdiger Lang ist der
große Kommunikator der mechanischen
Uhr. Er verfügt über eine herausragende
Chronographen-Sammlung und erläutert
die Funktion gerne am Modell – hier an
dieser Kolbenankerhemmung.*

für Schritt weiter ausgebaut. Es kam sogar eine Repetition dazu, von Kelek. Eine wenig attraktive Uhr. Deshalb hat Lang bei Kelek zum ersten Mal einen richtigen eigenen Entwurf in Auftrag gegeben. Dann folgte ein nächster und wieder einer, bis Lang sich am Ende sagte: »Das, was du jetzt machst, können andere auch. Die kaufen sich Uhren, setzen einen Namen drauf und verkaufen sie weiter. Wenn du dich absondern willst von anderen, musst du eigene Uhren machen.« Das war 1988.

Der ganz große Boom war noch nicht da, der sollte sich erst im Jahre 1990 einstellen. Rochat besaß noch alte Valjoux Kaliber 23 und 72. Daraus wurden limitierte Serien hergestellt, und kurz darauf erfolgte der Urknall in Sachen Chronoswiss: der erste Régulateur. Diese Zifferblattgestaltung, ursprünglich für Beobachtungsuhren gedacht, war auf dem Markt für Armbanduhren einmalig. Der Regulator ist heute bei Chronoswiss immer noch das meistverkaufte Modell. Und wer einen Regulator erwirbt, ist häufig ein Chronoswiss Erstkäufer. Ähnliches gilt für den Käufer einer Kairos Automatik, der ebenfalls noch kein Modell der Reihen Opus oder eine Delphis hat. Aber

hatte damit eine ganze Palette beieinander, was in einem ersten Katalog zum Thema mechanische Uhren dokumentiert wurde. Das war 1985 – zu einer Zeit, in der die Quarztechnologie, dank der Massenproduktion in Fernost, immer billiger wurde. Rüdiger Lang hat seine Kollektion Schritt

wenn er wieder eine Uhr erwirbt, dann mit hoher Wahrscheinlichkeit aus der Chronoswiss Modellfamilie.

Von Anfang an bemüht sich das Unternehmen, immer etwas Besonderes in der Kollektion zu haben oder neu aufzunehmen. Wobei so ausgefallene Details dazu gehören wie echte Emaillezifferblätter. Es gab und gibt bei anderen Herstellern vereinzelt Spezialserien mit Emaillezifferblättern, aber mit der Orea wurde eine dauerhafte, fest installierte Serie platziert. Dieses Emaillezifferblatt erfordert einiges an technischen Veränderungen, weil es doppelt so dick ist wie die normalen Metallzifferblätter. Das Zeigerwerk, Viertelrohr und Stundenrad muss man erhöhen und verlängern und technische Veränderungen vornehmen, die den Produktionsprozess verteuern.

»Da ich selbst schon lange Uhren gesammelt habe«, so Lang, »spielen bei einer Chronoswiss auch die Details drum herum eine große Rolle. Dazu gehört das Etui und möglichst auch noch der Garantieschein.« Also wird eigens ein Etui hergestellt, das zur Uhr passt. Überdies erhält jeder Chronoswiss Käufer einen Garantieschein, den der Chef von Hand unterschrieben hat. Dieser ist nicht nur ein Chronographen-Spezialist, der in einer Chronographen-Firma angefangen hat. Er verfügt darüber hinaus über eine erstaunliche Chronographen-Sammlung und hat zudem ein Chronographen-Buch geschrieben.

Nachdem Chronoswiss schon zwei große Chronographen-Sonderserien gemacht hat, die Kairos mit dem Kaliber 23 und 72 mit Schaltrad, präsentierte man mit dem Chronoscope einen Schaltradchronographen mit Régulateur-Zifferblatt. Es ist der erste Schaltradchronograph mit Régulateur-Zifferblatt auf dem Markt weltweit. Im Chronoscope tickt ein Automatikkaliber C 122 »Régulateur«, das in der Chronoscope-Ausführung C.125 heisst. Die komplexe Kadratur, die in Zusammenarbeit mit dem jungen Uhrmacher Andreas Strehler entstand, montiert Chronoswiss direkt auf der Vorderseite der Platine. Zur Aufnahme der Komponenten des aufwendigen Schaltwerks erhält sie spezielle Einfräsungen und Bohrungen. Die drei Funktionen Start, Stopp und Nullstellung der zentral angeordneten Chrono-Sekunde lassen sich extern über einen in die Aufzugskrone integrierten Drücker und intern über ein klassisches Schaltrad steuern. Dieses dreht sich um die Welle des permanent mitlaufenden Sekundenzeigers bei der Sechs. Das Chrono-Zentrumsrad ist kugelgelagert und besteht aus insgesamt 38 Teilen. Das Gehäuse besitzt einen Durchmesser von 38 mm und setzt sich aus 23 Teilen zusammen. Es ist in unterschiedlichen Ausführungen lieferbar, in einer Edelmetall- und Goldvariante (Weiß-, Gelb- und Rotgold) sowie aus Platin gefertigt. Die filigranen Zeiger des weltweit ersten Schaltradchronographen mit Regulator-

Zifferblatt entstanden in Kooperation mit dem Bielefelder Unternehmen »Aguilla« und sind rotblau. Ein beidseitig entspiegeltes Saphirglas bringt Zeiger und Zifferblatt, das auch in schwarz und skelettiertem Schaltrad zur Verfügung steht, zur Geltung. Die Schwingungen der Unruh und die Drehungen des vergoldeten Rotors lassen sich ebenfalls durch das einseitig entspiegelte Saphirglas beobachten.

Zu seinen Uhren, Kunden und zu seiner Verkaufsstrategie hat Rüdiger Lang ein sehr persönliches Verhältnis. Er sagt: »Ich habe die Uhr nicht für die Händler gemacht, und ich habe sie auch nicht für mich gemacht. Die erste Uhr schon, immer für mich, weil ich entscheiden muss, wie sie wirkt. Aber ich möchte nie in die Situation kommen, dass in zehn Jahren jemand kommt und sagt, ich habe da vor zehn Jahren eine Uhr von Ihnen gekauft, die wird heute viel billiger angeboten. Oder die Uhr ist nicht mehr ästhetisch. Ich bin den Leuten verpflichtet. Ich musste mein Geld auch zusammensparen. Das ist mir wichtig. Deswegen habe ich auch gesagt, ich muss ganz andere Maßstäbe ansetzen.

Meine Kundschaft ist nicht dreißig, eher fünfundvierzig. Die Spannbreite nach oben und unten sind zehn Jahre. Das sind 90 % meiner Kunden. Das heißt, die Leute haben Prospekte studiert, sie haben verglichen. Ihnen ist das Geld wichtig, das sie ausgeben. Sie gehen mehrmals in ein Geschäft, um sich möglicherweise dann eine Chronoswiss zu kaufen. Eine Chronoswiss kauft einer, der sie sich ganz genau aussucht, der ganz genau weiß, jetzt will ich sie. Der ein halbes Jahr um den Laden herumstreicht. Geht immer wieder rein und lässt sie sich umlegen. Nehme ich sie oder nehme ich sie nicht? Und dann besitzt er die Uhr. Dann wird das ein Teil von ihm selbst. Es geht dabei um kleine, aber wichtige Dinge. Und alles, was ich an Chronoswiss mache, ist wichtig. Ich mache nichts Besonderes. Aber ich mache es konsequent. Und ich mache es immer für mich.

Und ich bin sehr, sehr penibel. Ich liebe Uhren, und so baue ich sie. Und so verkaufe ich sie auch. Ich sage den Menschen, dass ich meine Uhren gerne habe. Und ich setze Bezugspunkte mit den Uhren, nicht auffällige, aber konsequent ästhetische Punkte, und da muss ich nicht immer neue Modelle machen. Zumindest nicht neue Gehäuse.«

Kein Wunder, dass ein Hersteller, der so persönlich und individuell auf seine Kundschaft reagiert, einen treuen Kundenstamm hat, der vom Produkt Uhr zu 100 Prozent überzeugt ist.

*Uhr des Jahres 2003: das Chronoscope. In keiner anderen Uhr seiner Kollektion werden Wurzel und Intention von Rüdiger Lang deutlicher. Einen traditionellen Eindrücker-Chronographen mit Regulator-Zifferblatt gibt es so zum ersten Mal.*

# Die Swatch Group – Luxusmarken im Verbund

Als zu Beginn der 1970er-Jahre, ausgelöst durch die chipgesteuerten Digitaluhren, der Schweizer Uhrenmarkt im Volumensegment zusammenbrach, war guter Rat teuer. Waren es zu Beginn die billigen amerikanischen Uhren, so lieferten japanische Produzenten bald darauf Uhren zu Preisen, die deutlich unter dem Niveau der Schweizer Konkurrenten lagen – mit gravierenden Folgen für die Schweizer Uhrenindustrie. Von den in diesem Industriezweig einstmals 90 000 Beschäftigten blieben lediglich die Hälfte übrig. Es wurden ca. 1000 Betriebe geschlossen, und die verbleibenden schlossen sich auf Empfehlung des Sanierers Nicolas G. Hayek 1985 in der »Schweizerischen Gesellschaft für Mikroelektronik und Uhren« (Société de Microélectronique et d'Horlogerie), kurz SMH, zusammen. 1998 wurde aus der SMH die Swatch Group.

Nach Zukauf zahlreicher Uhrenmarken in den vergangenen Jahren ist mit der Swatch Group so der größte Uhrenkonzern der Welt entstanden, dem heute folgende Uhrenmarken angehören: Breguet

*Das Flaggschiff der Swatch Group und erklärtes Lieblingskind von Seniorchef Nicolas G. Hayek ist die Marke Breguet.*

(Schweiz) als das Flaggschiff, ebenfalls im Topsegment Blancpain (Schweiz), Jaquet Droz (Schweiz), Leon Hatot und Omega (beide Schweiz).

In der Mittelklasse finden sich Schweizer Traditionsmarken Marken wie Rado, Longines, Tissot, Hamilton, Certina und Mido. Die Bedürfnisse der jungen Käuferschaft bedienen Balmain, Calvin Klein, swatch und flik flak (alle Schweiz). Auch zwei deutsche Marken, Glashütte Original und Union Glashütte, gehören zum Verbund. Das Deutsche Uhrenmuseum in Glashütte geht ebenfalls auf eine Stiftung von Nicolas G. Hayek zurück.

Die wahre Stärke der Swatch Group sind die Uhrwerkhersteller wie ETA SA in Grenchen, Frédéric Piguet (Rohwerke), Lemania (Rohwerke), Unitas (Rohwerke) und Valjoux (Rohwerke). Die ETA gehört weltweit zu den größten Rohwerkherstellern und produziert etwa 5 Millionen Werke im Jahr. Fast alle Hersteller beziehen von hier ihre Werke. Mit ihrer großen Bandbreite an Mechanik- und Quarzkalibern ist die ETA, die aus der Ebauches SA hervorging, wichtigster Baustein der Swatch Group. Dazu gesellen sich Zulieferer für mechanische Uhren wie der Zugfederhersteller Nivarox und ebensolche für Quarzuhren wie der Chiphersteller EM, Micro Crystal für Quarzherstellung,

*Immer für ausgefallene Komplikationen gut. Die Äquation besitzt neben Gangreserveanzeige und Ewigem Kalender auch eine Anzeige der Zeitgleichung.*

Oscilloquartz (Quarzoszillatoren) und der Batteriehersteller Renata. Mit der Georges Ruedin SA hat man zudem einen Gehäuse- und mit Universo einen Zeigerhersteller im Verbund. Weitere Firmen sind die Swiss Timing, die sich werbewirksam mit Sport-Zeitmessung befasst sowie LASAG für Lasermesstechnologie und SOKYMAT AUTOMOTIVE für Transpondertechnologie.

Möglich gemacht hat den Turn around, neben der Konzentration der verbliebenen Firmen, eine Uhr, die noch heute den Konzernnamen prägt: die Swatch. Bis Mitte der 1990er-Jahre wurden über 150 Millionen Exemplare hergestellt. Zusammen mit dem Arzt Ernst Thomke hatte Hayek eine Uhr projektiert, die – aus ca. 54 Teilen bestehend – vollautomatisch zusammengebaut wurde und für einen Preis von ca. 100 Franken gewinnbringend verkauft werden konnte. Zweimal im Jahr wurde die Kollektion gewechselt. Waren es anfänglich Quarzuhren mit Analoganzeige, so wurden ab 1991 dann auch Mechanikwerke mit dem ETA Automatikkaliber 2840 in den Swatch Modellen angeboten.

Geschicktes Product-Placement und der Einsatz international bekannter Künstler bei der Gestaltung der Zeitmesser ließen die Uhren zu Kultobjekten werden, und es entstand eine internationale Sammlerszene, die zum Teil bis zu 30 000 Euro für ausgefallene Modelle bezahlte. Voraussetzung ist ein fabrikneuer Zustand der Uhr. Es wurde 1993 sogar ein Platinmodell der Swatch (Modell Trésor Magique) für ca. 2500 Franken angeboten.

*»Tragen Sie auch beim Sport eine Luxusuhr!« – so die Botschaft des Modells Marine mit Kautschukband und Großdatum in Edelstahl.*

# Die feine Art, Zeit zu tragen – A. Lange & Söhne

Salzburg im Sommer. Ein elegantes Mercedes-Benz Coupé der Baureihe 111 fährt vor, und ihm entsteigt federnden Schritts ein älterer grauhaariger Herr. Man nimmt zusammen einen Kaffee. Dem Uhreninteressierten fällt auf, dass sein Gegenüber ein außergewöhnliches Stück am Handgelenk trägt. Eine A. Lange & Söhne 1 mit gebläuten, nicht, wie sonst üblich, mit goldenen Zeigern. Darauf angesprochen, lächelt er verschmitzt und erklärt seinem verblüfften Vis à Vis, dies sei seine Fotouhr, die er als Urenkel des Firmengründers Ferdinand Adolph Lange, als Repräsentant von A. Lange & Söhne zur besseren Sichtbarkeit auf Fotografien trage.

Auch wenn man lange nichts von ihnen gehört hat, so verschwinden die großen Marken nicht wirklich. Oft leuchten sie in der Rückschau heller als zur aktiven Zeit. Damit ist für viele Verehrer die Hoffnung verbunden, dass sie zurückkehren und der alte Glanz aufs Neue erstrahlt. In solchen Fällen bedarf es manchmal nur eines Impulses von außen, um das Räderwerk wieder in Gang zu setzen, und auf einmal rollen wieder Maybach Limousinen über die Straßen, und A. Lange & Söhne Uhren beginnen wieder zu ticken.

Während es bei der Marke Maybach die Feierlichkeiten zum 150. Geburtstag Wilhelm Maybachs waren, die den Namen wieder in das Bewusstsein der Firma Daimler-Benz brachte, war es im Fall der Lange Uhren die deutsche Wiedervereinigung, die – dort, wo der Genius loci weilt, in Glashütte nämlich – einen Neustart möglich machte.

Doch halt! Erzählen wir die Geschichte Walter Langes und der gleichnamigen Uhren von Anfang an. Man schrieb das Jahr 1845, als sein Urgroßvater, unterstützt von einem Staatskredit, den ihm der königlich-sächsische Innenminister in Höhe von 5580 Talern gewährt hatte, begann, in Glashütte eine Uhrenfabrikation aufzuziehen. Am 7. Dezember jenes Jahres war die offizielle Fabrikeinweihung, und von da an kamen noch feine Taschenuhren aus dem kleinen sächsischen Städtchen. Tourbillons, Ewige Kalender, Chronographen, Große Komplikationen und sogar eine Taschenuhr mit automatischem Aufzug verlassen die Manufaktur, um wenigen Glücklichen die Zeit zu schla-

*Zwei Tourbillons von A. Lange & Söhne. Der Tourbograph (rechts) ist eine der kompliziertesten Uhren im Angebot der Firma. Ihr Antrieb erfolgt über Kette und Schnecke. Daneben das »Sachsen Tourbillon«, wie die »Pour le Mérite« intern genannt wird.*

gen oder anzuzeigen. Dem Wert von zwei Häusern entspricht in etwa die Lange Grande Complication, die 1908 produziert wurde. Für 4930 Goldmark erhielt der beglückte Besitzer eine Uhr mit Ewigem Kalender, Minutenrepetition, 4/4-Selbstschlag und einem Chronographen mit nachspringender Sekunde.

Mit viel Geschick führte die Familie Lange das Unternehmen auch durch schwierige Zeiten, und der 1924 geborene Walter Lange absolvierte in Karlstein und Glashütte seine Ausbildung zum Meisteruhrmacher. Doch dann brach der Zweite Weltkrieg aus. Als Walter Lange, der 1942 zur Wehrmacht einberufen worden war, 1945 schwer verwundet nach Glashütte zurück-

kehrte, musste er wenige Stunden vor Kriegsende noch mit ansehen, wie das Hauptgebäude der Manufaktur durch Bomben fast vollständig zerstört wurde. Der 1948 verstaatlichte elterliche Betrieb ging 1951 in einem Kombinat auf, und Walter Lange, der sich weigerte in den FDGB (Freier Deutscher Gewerkschaftsbund) einzutreten, wurde zum Uranbergbau zwangsverpflichtet. Nun war der Zeitpunkt gekommen, um die Koffer zu packen und gen Westen aufzubrechen. In der Uhren- und Schmuckstadt Pforzheim finden er und seine junge Familie eine neue Heimat. Walter Lange arbeitete nun in der Schmuckindustrie unter anderem als Außendienstmitarbeiter für die Firma Wellendorf. Es spannen sich zu dieser Zeit erste zarte Kontakte zur IWC Schaffhausen, die auch dann noch Bestand hatten, als ein Projekt, gemeinsam Lange Taschenuhren zu produzieren, durch den aufkeimenden Quarzuhrenmarkt scheiterte.

Als, was niemand für möglich gehalten hatte, 1989 die Mauer fiel, entstand zusammen mit den IWC Managern Günther Blümlein und Hannes Pantli die Idee eines Neubeginns in der Heimat der Ahnen. 500 000 Mark, so Blümleins Schätzungen, sollte die Wiedergeburt von A. Lange & Söhne kosten. Am Ende wurden es mehr als 20 Millionen, um das hoch gesteckte Ziel, die hochwertigsten Uhren der Welt zu bauen, zu erreichen.

Auf den Tag genau 145 Jahre nach Gründung der Firma durch den Urgroßvater wurde die Firma am 7. Dezember 1990 ins Handelsregister eingetragen. Viele Schwierigkeiten waren noch zu überwinden, bis am 24. Oktober 1994 die Modelle Lange 1, die Saxonia, die Arkade und das Tourbillon »Pour le Mérite« einer staunenden Öffentlichkeit präsentiert werden. Eine Besonderheit der Uhren stellt das patentierte Großdatum dar. Um möglichst viele der Bilder in der Presse des nächsten Tages zu haben, ist das Datum

bei allen Uhren auf den 25. gestellt. Auch die Marketingaktivitäten beginnen mit einem Paukenschlag. In der »Frankfurter Allgemeinen Zeitung« erscheint eine farbige, doppelseitige Anzeige folgenden Inhalts: »Die Wirtschaft im Osten beginnt plötzlich ganz anders zu ticken: A. Lange & Söhne kehrt zurück – die Legende ist wieder Uhr geworden.«

Die Reaktionen sind überwältigend. Die Uhren aus Sachsen erobern die Herzen der Liebhaber im Sturm. Walter Lange wird 1995 Ehrenbürger von Glashütte und erhält drei Jahre später auch noch den »Verdienstorden des Freistaates Sachsen«. In Glashütte aber werden wieder Uhren gebaut, die das Herz der Kenner und Liebhaber höher schlagen lassen. Jede Uhrreihe hat ihr eigenes Werk. Kennzeichnend für die Lange Uhrenwerke ist die Dreiviertelplatine aus naturbelassenem Neusilber und der handgravierte Unruhkloben. Optischer Farbtupfer sind zudem die gebläuten Schrauben und die rubinroter Lagersteine.

Kontinuierlich wurde die Kollektion um weitere Komplikationen erweitert. 1999 erschien der Chronograph mit springendem Minutenzähler, 2001 der Ewige Kalender und 2004 der Doppelchronograph, der über einen Rattrapante-Mechanismus auch für den Minutenzähler verfügt und so Vergleichsmessungen auch über einen Zeitraum von 30 Minuten ermöglicht. Das neueste Modell ist die Lange 1 Zeitzone. Bei dieser Uhr wird über einen durch Drücker verstellbaren Ring, auf dem alle Weltstädte verzeichnet sind, die jeweilige Ortszeit auf einem kleinen Hilfsziffernblatt auf der Fünf angezeigt. Neben einer Tag- und Nachtanzeige für die Zeitzonenanzeige verfügt diese Handaufzugsuhr als weitere kleine Komplikation über eine Gangreserveanzeige und das bekannte Langesche Großdatum.

Weitere faszinierende Komplikationen folgten. So der Double Split, ein Handaufzugschronograph mit Schleppzeiger, bei dem der Rattrapante-Mechanismus es erstmalig ermöglicht, Zeitdifferenzen von bis zu 30 Minuten zu fixieren. Wer die 465 Werkteile durch den Saphirglasboden bewundert, wird neidlos testieren müssen, dass A. Lange & Söhne das höchste Niveau in Sachen Werkfinisierung erreicht hat. Nach wie vor präsentiert der

*Die Montage der Großdatumsscheibe bei einem Ewigen Kalender mit Mondphasenanzeige.*

Erfinder des Großdatums dieses auch in allen Variationen, beim Handaufzugschrongraph, bei der Mondphasenuhr und natürlich auch beim Ewigen Kalender. Neuester Leckerbissen ist ein Tourbillon im Gehäuse der Cabaret, bei dem sich der Tourbillonkäfig durch Herausziehen der Krone anhalten lässt.

Was kaum ein anderer Hersteller macht: Bei A. Lange & Söhne gibt es für jede Gehäusebaureihe ein eigenes Werk. Das allein schon garantiert Exklusivität pur. Alle neuen Entwürfe bewertet Walter Lange selbst. Stehen Technik und Design im Einklang mit dem, was A. Lange & Söhne ausmacht? Erst wenn er sein Plazet gibt, kann ein Modell in Serie gehen. Ein Connaisseur ist er aber nicht nur bei Uhren, sondern ebenso bei Automobilen. Für ihn ist der schönste Oldtimer das 250 SE Coupé der Baureihe W 111, das zwischen 1965 und 1967 gebaut wurde. Sein 150 PS leistender Einspritzmotor ermöglichte damals schon eine Spitze von

190 km/h und eine Beschleunigung von 0 auf 100 km/h in 11,8 Sekunden. Für Fahrkomfort und sichere Straßenlage sorgt die Eingelenkpendelachse mit hydropneumatischen Ausgleichsfedern und Niveauregulierung. Das Armaturenbrett ist verschwenderisch in einer Kombination aus Holz und Leder gefertigt.

Der am 25.11.1966 ausgelieferte Wagen kostete damals stolze 27 493,– DM. Dafür erhielt der Besitzer, neben den grünen Ledersitzen, eine Servolenkung, ein elektrisches Stahlschiebedach und eine Radio Marke »Becker Grand Prix«. Ein optischer wie auch haptischer Leckerbissen ist das elfenbeinfarbige Lenkrad, das dem Wagen noch heute die besondere

Note gibt. Wann immer es ihm seine knapp bemessene Zeit erlaubt, genießt Walter Lange die Fahrt im Mercedes Oldtimer.

Neben seinen vielen Verpflichtungen für »seine« Uhren hat er 2004 seine Lebenserinnerungen veröffentlicht. Der Buchtitel kann getrost auch als Etikett für sein lebenslanges Bemühen für die Sache von A. Lange & Söhne stehen: »Als die Zeit nach Hause kam«.

# Die Manufaktur im Müglitztal oder: Wie entstehen A. Lange & Söhne Uhren?

Nach Durchquerung des Müglitztals, gleich nach dem Ortseingang von Glashütte, liegen linker Hand die neuen Manufakturgebäude von Lange & Söhne. Mittlerweile ist die Zahl der Mitarbeiter von ca. 270 auf 500 angewachsen. Die Hälfte davon sind Uhrmacher, aber noch immer baut die Manufaktur im Jahr nur 5500 Uhren. Im Vergleich: Bei der Firma Rolex sind es ca. 1 Million Uhren. Aber die Sachsen wollen neben Qualität, die die Schweizer zweifelsohne auch zu bieten haben, vor allem eine steigende Komplexität ihrer Produkte, sprich ausgefeiltere und bisher noch nicht dagewesene Komplikationen wie beispielsweise ein Tourbillon, dessen Käfig zur genauen Einstellung der Zeit gestoppt werden kann, oder den Tourbograph, der die Komplikation Chronograph Rattrapante mit der des Tourbillons verbindet.

Bei den faszinierenden Uhren ist es vor allem die innere Schönheit, die eine Lange & Söhne Uhr von den meisten Wettbewerbern unterscheidet. Das naturbelasse-

ne Neusilber für die Uhrwerksteile bildet die Basis für eine gekonnte Inszenierung handwerklichen Könnens. Dabei lässt Lange viele Elemente, die beim Bau historischer Taschenuhren verwendet wurden, wieder aufleben. Dazu zählen beispielsweise die Dreiviertelplatine oder die verschraubten Goldchatons. Die verschiedenen Schliffe und Perlierungen befinden sich an Stellen, wo sie kein Benutzer mehr sieht – eigentlich ein hübscher Anachronismus. Ursprünglich diente diese Art der Bearbeitung dazu, Stäube, die in das Uhrengehäuse eindrangen, zu binden und so zu verhindern, dass sie sich im Räderwerk festsetzten und das Gangverhalten der Uhr negativ beeinflussten.

Doch verharrte man nicht bei den traditionellen Besonderheiten, sondern entwickelte Innovationen, die die mechanische Uhr neu interpretieren, wie das patentierte Großdatum oder den Zeigerstellmechanismus Zero-Reset, bei dem der Sekundenzeiger beim Ziehen der Krone auf Null springt und dort verharrt, bis die Krone wieder gedrückt wird. So lässt sich die Uhrzeit sekundengenau einstellen. Alle Einzelteile der Uhr werden dabei von Spezialisten in mühevoller Handarbeit dekoriert und vollendet.

So nimmt es auch nicht Wunder, wenn es

*»Die Zeit liebt nichts, was ohne sie geschieht.« Diesem Grundsatz sind auch die Uhrmacher von Lange verpflichtet. So wird jede Uhr mit aller gebotenen Gründlichkeit montiert.*

gilt, mindestens 12 900 Euro zu investieren, um eine neue Lange Uhr am Handgelenk zu tragen.

Man muss erlebt haben, mit welcher Akribie und Hingabe die Uhren gefertigt werden, und Walter Lange bringt es auf den Punkt: »Wer einen Zeitmesser von A. Lange & Söhne in Händen hält, erkennt sofort, dass er etwas Besonderes vor sich hat. Doch um wirklich zu begreifen, was dessen Einzigartigkeit ausmacht, muss man die Entstehung einer Lange Uhr an ihrem Heimatort erlebt haben: in Glashütte in Sachsen. Denn nur wer bei einem Besuch der Langeschen Manufaktur den Meisteruhrmachern bei ihrer konzentrierten und hochkomplizierten Arbeit über die Schulter schauen durfte, versteht, wie viel Handwerkskunst, Präzision und vor allem Leidenschaft in den Zeitmessern mit der Signatur A. Lange & Söhne stecken.«

Dabei fällt dem aufmerksamen Betrachter zudem auf, dass sich in jedem Lange Modell ein eigenes Werk befindet, das speziell für die entsprechende Uhr konstruiert wurde. Das gilt nicht nur für die Formwerke von Arkade und Cabaret, die jeweils eigenständig sind, sondern auch für die runden Brüder und Schwestern. Kein anderer Hersteller weltweit hat dies mit solch eiserner Konsequenz betrieben wie Lange. Man könnte sich bei einer Lange Uhr nie vorstellen, in einem rechteckigen Gehäuse ein rundes Uhrwerk vorzufinden. Dabei finden ausschließlich Edelmetallgehäuse in Platin, Weißgold, Rotgold und Gelbgold Verwendung. Was 1994 mit der Lange 1 begann, führte bis 2008 zu einer ansehnlichen Kaliberfamilie.

Modell: Lange 1, Kaliber L901.0. Modell: Große Lange 1. Kaliber L901.2. Modell: Lange 1 Mondphase, Kaliber L901.5. Modell: Lange 1 Zeitzone, Kaliber L031.1. Modell: Saxonia, Kaliber L941.1. Modell: Saxonia Automatik, Kaliber L921.4. Modell: Große Saxonia Automatik, Kaliber L921.2. Modell: Richard Lange, Kaliber L041.2. Modell: Lange 31, Kaliber L034.1. Modell: Langematik Perpetual, Kaliber L922.1. Modell: Datograph, Kaliber L951.1. Modell: Datograph Perpetual, Kaliber L952.1. Modell: Lange Double Split, Kaliber L001.1. Modell: Cabaret, Kaliber L931.3. Modell: Cabaret Mondphase, Kaliber L931.5. Modell: Cabaret Tourbillon, Kaliber L042.1. Modell: Arkade, Kaliber L911.4. Bei den Sonderserien, die heute größtenteils ausverkauft sind, finden sich weitere Kaliber. Modell: Tourbillon »Pour le Mérite«, Kaliber L902.0. Modell: Lange 1A, Kaliber L901.1. Modell: 1815 Mondphase, Kaliber L943.1. Modell: Lange 1 Tourbillon, Kaliber L961.1. Modell: Jubiläums-Langematik, Kaliber L921.7. Modell: Große Lange 1 »Luna Mundi«, Kaliber L901.7 + 8. Modell: Tourbograph »Pour le Mérite«, Kaliber L903.0. Modell: 1815 Kalenderwoche, Kaliber L045.1.

Nicht mehr im Programm ist der Chrono-

*Schöne Inszenierung: Taschenuhr auf dem Tisch, Armbanduhr am Handgelenk des Uhrmachers, der an einem Gangmodell arbeitet.*

graph 1815, bei dem man auf das Groß-datum verzichtet hatte. Zwar sind Lange Uhren keine Einzelanfertigungen, aber der Vergleich mit einem Unikat ist durch-aus legitim. Der Unruhkloben jeder Lange Uhr wird von einem Meistergraveur im freien Schnitt dekoriert und ist damit ein-zigartig. Wem es gelingt, einem Graveur seine eigene Lange Uhr zu zeigen, kann von diesem genauestens erfahren, wel-cher Künstlerkollege bei seiner Uhr den Unruhkloben bearbeitet hat. Mit etwas

Glück erhält man dann sogar ein Bild der Gravur mit dem Autogramm des zustän-digen Graveurs. Darüber hinaus werden alle Teile einer Uhr genau aufeinander abgestimmt. So ist es beispielsweise nicht ohne weiteres möglich, die Unruh einer Lange Uhr in eine andere Uhr einzuset-

*145 Jahre nach Adolf Langes Pioniertat gründet Walter Lange am 7. Dezember 1990 die alte und neue Firma in Glashütte. Die Zeit war wieder Zuhause angekommen.*

zen, selbst wenn es sich dabei um das gleiche Modell handelt.

Das größte und schwerste Teil jedes Lange Uhrwerks ist, mit einem Gewicht von 5,42 Gramm, die Werkplatte. Bei der Lange 1 hat sie einen Durchmesser von 30,40 Millimetern und eine Höhe von 1,40 Millimetern. Im Gegensatz dazu ist das kleinste und leichteste Uhrwerksteil die dünnste der Unterlegscheiben für die Unruhschraube. Sie hat einen Durchmesser von 0,4 Millimetern, eine Höhe von 0,01 Millimetern und ein Gewicht von 8 Mikrogramm (0,000008 g). Oder anders ausgedrückt: Erst 125 000 Scheibchen ergäben ein ganzes Gramm. Das Uhrwerk des Datograph-Perpetual besteht aus 556 Teilen, dicht gefolgt von der Langematik-Perpetual mit 478 sowie dem Lange Double Split und dem Tourbograph »Pour le Mérite« mit jeweils 465 Einzelteilen. Würde man die Kette noch in ihre Einzelteile zerlegen, käme der Tourbograph sogar auf 1097 Komponenten. Apropos Tourbograph – er ist die zur Zeit komplizierteste und mit ca. 350 000 Euro teuerste Uhr bei Lange. Die Zusatzbezeichnung »Pour le Mérite«, wörtlich übersetzt »für die Ehre«, war ein von Friedrich Wilhelm IV. und Alexander von Humboldt im Jahre 1842 gestifteter Verdienstorden, der für wissenschaftliche, aber auch für militärische Leistungen vergeben wurde und der in der Vergangenheit wie auch aktuell die Spitzenprodukte von Lange kennzeichnet.

Der Tourbograph »Pour le Mérite« ist eine Uhr, die es so noch nie gegeben hat. Sie ist das erste Minutentourbillon im Armbanduhrenformat mit Antrieb über Kette und Schnecke, das über eine zusätzliche Chronographen- mit Rattrapante-Funktion verfügt. Der Mechanismus über Kette und Schnecke dient dem gleichen Effekt wie das Tourbillon: Er soll das Gangverhalten der Uhr positiv beeinflussen. Die unterschiedlich starken Drehmomente am Anfang und Ende des Aufzugszustandes werden durch das Ablaufen der Kette über eine konusförmige Schnecke egalisiert und so die Kraft gleichförmig und unabhängig vom Aufzugszustand abgegeben.

Wie das funktioniert? Federhaus und Schnecke sind durch eine aus über 600 Einzelteilen bestehende feine Kette miteinander verbunden. Bei Vollaufzug, also großer Zugkraft, zieht die Kette am kleineren Umfang der Schnecke, sprich, am kürzeren Hebel – bei geringem Aufzug und nachlassender Zugkraft dagegen am größeren Umfang der Schnecke und

somit am längeren Hebel. Diese Technik findet sich seit 1880 bei den Taschenchronometern von A. Lange & Söhne, aber auch bei dem 1994 in der ersten Kollektion präsentierten Tourbillon, das ebenfalls als »Pour le Mérite« apostrophiert wurde.

Eine weitere Uhr mit Kettenantrieb wurde 2009 in Form der Richard Lange präsentiert, die dabei nun auch die Zusatzbezeichnung »Pour le Mérite« erhielt. Hinsichtlich der zu erzielenden Genauigkeit eines Uhrwerks ist der Antrieb über Kette und Schnecke dem des Tourbillons sogar überlegen. Über ihn schrieb G. H. Baillie in seinem Standardwerk »Watchmakers und Clockmakers of the World«, dass »...wahrscheinlich kein Problem der Mechanik jemals so einfach und perfekt gelöst wurde!« Dass die Richard Lange »Pour le Mérite«, die aus sage und schreibe 636 Einzelteiler besteht, nach außen einen bescheidenen und schlichten Eindruck einer einfachen Drei-Zeiger-Uhr macht, prädestiniert sie zur Understatement-Uhr par excellence. Das exklusive Kaliber LO44.1 ist mit einem drückerlosen Hemmungssystem versehen, das mit 21 600 Halbschwingungen arbeitet. Die Gangreserve beträgt nach Vollaufzug 36 Stunden. Die Spirale ist von Lange selbst gefertigt und speziell auf die Erfordernisse des Werks abgestimmt. Das Trägheitsmoment der mit 13 Masseschrauben und vier Regulierschrauben aus massivem Gold ausbalancierten Unruh entspricht wiederum genau dem Antriebsmoment der Schnecke. Auch hier präsentiert A. Lange & Söhne nicht nur eine hoch präzise Uhr, sondern auch ein Stück besonderen Kunsthandwerks.

Wie in dieser neuen, außergewöhnlichen Uhr ein einzigartiges Werk tickt, so auch in den anderen verschiedenen Uhrenmodellen von Lange, die in der Langeschen Konstruktionsabteilung mit Bezug auf die eigene Produktgeschichte entworfen wurden. Fast alle Teile dieser exklusiven Uhrwerke, in der Summe mehrere Tausend verschiedene, werden in der Manufaktur gefertigt – beispielsweise Platinen, Brücken, Hebel, Federn, Räder und Triebe. Jedes Einzelteil erhält eine aufwendige Oberflächenveredelung. Dabei werden selbst jene Flächen dekoriert, die sich im fertig montierten Uhrwerk dem Auge des Betrachters entziehen. So sind die Spezialisten von Lange allein zwei Tage damit beschäftigt, die filigrane Tourbillonbrücke zu dekorieren, mit der das Drehgestell auf der Zifferblattseite befestigt wird. Für die manuelle Perlage der Brücken und Platinen verwenden sie bis zu 14 Spezialwerkzeuge für jeweils unterschiedliche Perlierdurchmesser. Die für Schliffe und Polituren notwendigen Werkzeuge und Halterungen werden in der eigenen Werkzeugbauabteilung angefertigt. Der Unruhkloben wird von Hand im freien Schnitt mit einer Gravur versehen und macht damit jede Lange Uhr zu einem unverwechselbaren Einzelstück. Das Uhrwerk wird von den Lange Uhrmachern montiert, in fünf Lagen sorgfältig reguliert und anschließend wieder auseinandergebaut. Dann erst erfolgt das letzte Finish der Einzelteile, diese werden nochmals gereinigt und – erst jetzt mittels der fein gebläuten Originalschrauben – wieder zu einem perfekten Uhrwerk zusammengesetzt. Bevor die Uhr die Manufaktur verlassen darf, wird sie einer mehrwöchigen und genauen Prüfung unterzogen.

Ziel für die Zukunft ist es, die Wertschöpfung im eigenen Haus zu vergrößern. Deshalb wurde 2003 als inzwischen fünftes Gebäude der Manufaktur das neue Technologie- und Entwicklungszentrum eröffnet. Hier befasst man sich mit den theoretischen Grundlagen und den technologischen Prozessen zur Herstellung von eigenen Unruhspiralen, dem Herz der mechanischen Uhr. Vom Ziehen des Drahtes bis zu einer Stärke von 0,05 Millimetern über das Walzen, Wickeln und Glühen bis hin zum Biegen werden sämtliche Arbeitsschritte für die Spiralen verschiedener Lange Uhrwerke auf höchstem Qualitätsniveau jetzt im eigenen Haus ausgeführt. Erstmals zum Einsatz kam eine von Lange selbst entwickelte und hergestellte Unruhspirale im April 2004 präsentierten Chronographen Double Split.

Auch bei den rechteckigen Uhren, die mit der Arkade und der Cabaret seit 1994 bzw. 1997 präsent waren, gab es 2008 mit der Cabaret Tourbillon eine interessante Neukonstruktion, die man so bislang in der Uhrenwelt noch nicht gekannt hatte. Das Tourbillon ist zwar schon seit 1801 patentiert, aber einen Sekundenstopp, der die genaue Einstellung der Uhrzeit ermöglicht, hatte es bis dato noch nicht gegeben. Somit gelang es den Lange Konstrukteuren erstmals, den Wirbelwind kurzfristig zu zähmen und neben dem Ganggenauigkeit garantierenden System auch eine sekundengenaue Einstellung vorzunehmen. Verworfen wurde dabei von Anfang an die Möglichkeit, den kompletten Tourbillon-Käfig aus dem Uhrwerk heraus mechanisch anzuhalten. Denn bei dieser eher schlichten Lösung würde die Unruh auspendeln und schließlich ihre Energie verlieren. Keine technisch befriedigende Lösung, denn um wieder anzulaufen, müsste sie einen äußeren Impuls bekommen. Will man die potenzielle Energie der Unruhspirale im Moment des Bremsvorgangs erhalten, kann dies nur durch ein direktes, verzögerungsloses Abbremsen der im Käfig rotierenden Unruh erreicht werden. Die Frage ist nur: Wie stoppt man die oszillierende Unruh einer Tourbillon-Hemmung in einem sich drehenden Käfig? Die Antwort: Durch das Ziehen der Krone wird eine komplexe Hebelbewegung ausgelöst, die einen Stopphebel mit zwei V-förmig gebogenen Federarmen auf den äußeren Unruhreif aufsetzt und damit die Unruh augenblicklich stoppt. Dieser Eingriff ist dadurch erschwert, dass die V-förmige Bremsfeder mit einem Arm auch auf

einen der drei Pfeiler des Tourbillon-Käfigs treffen kann. Aus diesem Grund ist die feine Stoppfeder aus Stahl mit ihren beiden Armen an einem Rotationspunkt des Bremshebels beweglich gelagert. Das heißt, in diesem Falle stützt sich ein Federarm auf den Käfigpfeiler, während der andere sich auf die Außenseite der Unruh senkt und diese genauso zuverlässig anhält, als würden beide Federarme auf den Unruhreif treffen. Die asymmetrische Kurvenform der beiden Federenden wurde in langen Versuchsreihen ermittelt. Sie sind exakt so geformt, dass sie in allen Positionen der Unruh zur Bremsfeder einen optimalen Anpressdruck entfalten. Darüber hinaus sind die Enden der Bremsfeder aufgebogen, damit sie sich beim Anhalten und Freigeben der Unruh nicht verhaken können. Alles in allem wieder eine typische Lange Lösung, auf die bislang noch niemand gekommen war.

A. Lange & Söhne, die 1994 als Teil der zur Mannesmann Gruppe gehörenden LMH mithilfe der Schwesterfirmen IWC und Jaeger-LeCoultre gegründet wurde, gehört heute zu den exklusivsten Uhrenmarken weltweit.

2001 wurde das Uhrenkonglomerat von dem Schweizer Richemont-Konzern übernommen. Dessen Uhrengruppe vereint einige der bedeutendsten Hersteller exklusiver Uhren, neben Lange auch IWC, Jaeger-LeCoultre, Baume & Mercier, Piaget, Vacheron Constantin, Officine Panerai und Roger Dubuis.

# Audemars Piguet – Der Mythos einer großen Marke

Audemars Piguet ist eine der traditionsreichen großen Uhrenmarken, die, 1865 gegründet, noch heute im Familienbesitz der Gründerfamilien ist. Das ist einmalig. In jeder Dekade ein Mitglied der Haute Horlogerie, ist dieses Unternehmen ein wahrer Meister der Komplikationen bei mechanischen Zeitmessern. Schon 1892 baute AP die erste Armbanduhr mit Minutenrepetition, und bereits ein Jahr zuvor wurde das nur 18 mm große Werk präsentiert. Immer wieder überrascht man Wettbewerb und Kunden, so auch 1924 mit einer Armbanduhr mit springender Stundenanzeige und ein Jahr darauf mit der flachsten Taschenuhr der Welt: Werkhöhe 1,32 mm. Mit der Royal Oak präsentierte AP eine Luxussportuhr in Stahl, bei der die Automatikversion einen goldenen Aufzugsrotor aus 18 Karat Gold besaß.

In jeder Dekade lässt sich eine Besonderheit hervorheben. So 1989 das flachste Handaufzugswerk mit Ewigem Kalender

*Eine Große Komplikation in der Anmutung einer sportlichen Stahluhr und nur für den Kenner in ihrer Qualität wahrnehmbar: Minutenrepetition, Ewiger Kalender mit Mondphase und Chronograph Rattrapante im alltagstauglichen Sportoutfit.*

oder 1998 eine Grande Sonnerie Minutenrepetition mit Carillon.

Etwa 450 Mitarbeiter, davon ca. 125 in der Produktion, bauen im Jahr knapp 18 000 Uhren. Das ergibt einen Jahresumsatz von über 200 Millionen Schweizer Franken, Tendenz steigend.

Es ist nur legitim, wenn ein solches Unternehmen die Kraft der Tradition auch über die Nomenklatur beschwört. Jules Audemars, einer der Firmengründer, gibt heute seinen Namen für eine besondere Uhrenserie, vorwiegend von Komplikationen, die außerhalb der Reichweite von Durchschnittsverdienern liegt. Ein Tourbillon mit Chronograph, eine Minutenrepetition sowohl als Grande Sonnerie Carillon wie auch als Carillon mit Tourbillon, ein Ewiger Kalender mit Weltzeitindikation und ein Ewiger Kalender mit Sonnenauf- und -untergang sowie Äquation (Zeitgleiche). Allesamt Uhren, die zum Teil deutlich über 50 000 Euro liegen und damit eher eine Rolle im Land der Träume spielen. Eine Komplikation gibt es allerdings aus dieser Serie, die für den Uhren-Aficionado gerade noch erschwinglich ist und sich dennoch von einer normalen Drei-Zeiger-Uhr deutlich abhebt: den Chronographen.

Mit dem Chronographen der Serie »Jules Audemars« bietet Audemars Piguet eine

*Keine Firma ist authentischer und länger im Besitz der Eigentümerfamilie als Audemars Piguet, neben Patek Philippe die große Schweizer Luxusuhrenmarke. Man kann beiden nur weiterhin die Eigenständigkeit wünschen.*

Uhr, die ihren Reiz genau aus der Melange von Tradition und Luxus bezieht. Diese eher schlichte Uhr ist aus 18 Karat Weißgold, Rotgold oder Stahl gefertigt und mit einer Faltschließe aus dem gleichen Material versehen. Sie ist die preiswerteste Variante, um eine Audemars Piguet Uhr mit einer Komplikation zu erwerben und deshalb einer näheren Betrachtung wert.

Auf den ersten Blick handelt es sich um eine eher unscheinbare und zierliche Uhr, die ihre wahre Klasse erst auf den zweiten Blick offenbart. Gewicht inklusive Band und Faltschließe: 95 Gramm. Mit einem Gehäusedurchmesser von 39 mm ist sie alles andere als klein. Dennoch lässt die leichte Wölbung des am Rand satinierten Gehäuses in Kombination mit den polierten Bandanstößen und der ebenso bearbeiteten Lünette die Uhr kleiner wirken als sie in Wirklichkeit ist; dazu trägt auch die Höhe von nur 11,1 mm bei. Bei dem mit fünf Schrauben befestigten Gehäuseboden ist das Prinzip von mattierter und am Rand polierter Fläche durchgehalten. Krone und Drücker sind nicht verschraubt, obwohl die Rändelung der Einfassung bei den Drückern diesen Eindruck macht. Dennoch ist die Uhr bis 20 m wasserdicht. Der Chronograph ist mit einem schwarzen Krokolederband und Faltschließe ausgestattet. Diese besteht aus dem stilisierten Audemars Piguet Monogramm und findet sich bei allen Modellen der Jules Audemars wie auch den Modellen der Baureihe Edouard Piguet.

Das Saphirglas ist passgenau und ohne jeden Überstand eingesetzt worden. Die Stabzeiger für Stunden und Minuten sind aus Weißgold, ebenso wie die keilförmigen Indizes und arabischen Zahlen. Auf der Zwölf findet sich das Firmenlogo. Das Zifferblatt ist von der Auslegung her blau, changiert aber, je nach Lichteinfall, zwischen blau und einem tiefen Schwarz. Die Zeiger für den Chronographen und den Totalisator sind ebenso wie der für die Kleine Sekunde weiß lackiert. Mit der Kleinen Sekunde auf der Drei und dem 30 Minuten Zeiträume erfassenden Totalisator auf der Neun entspricht die Zifferblattgestaltung dem klassischen Chronographendesign mit der ebenfalls in weiß aufgedruckten Minuterie am Außenrad. Die Feinunterteilung am Zifferblattrand ist mit vier Teilstrichen nicht ganz korrekt für das Messen der Achtelsekunde ausgelegt.

*Das Stammhaus in Le Brassus, der Heimat von Audemars Piguet.*

Die Referenz 25859 BA ist mit dem AP Kaliber 2226/2841 ausgestattet, das auch, dort allerdings mit Datum und Stundentotalisator, in der Royal Oak Offshore seinen Dienst tut. Nicht nur die Kaliberbezeichnung, sondern auch die Lage von Krone und Drücker weisen klar darauf hin, dass es sich hier um ein Modulkaliber handelt. Das von AP verwendete Chronographenmodul war ursprünglich für den Einsatz bei Quarzwerken konzipiert worden und musste deshalb mit extrem niedrigen Antriebskräften auskommen, was sich nun positiv auf die Gangwerte des Automatikwerks bei eingeschaltetem Chronographen auswirkt. Das Basiswerk, ein echtes Manufakturwerk, hat eine Höhe von 6,15 mm und einen Durchmesser von 26 mm (11 ½ Linien). Die Schlagzahl beträgt 28 800 Halbschwingungen (4 Hz), und das 54-steinige Werk hat eine Gangreserve von 40 Stunden. Der Aufzugsrotor hat ein Gewichtssegment aus 21 Kt. Gold und zieht beidseitig auf. Wird die Aufzugskrone herausgezogen, stoppt der Sekundenzeiger, was ein sekundengenaues Einstellen der Uhr ermöglicht. Die Ganggenauigkeit der Uhr war mit einer Sekunde plus oder minus überragend und übertraf jede Chronometernorm bei Weitem. Das mag den potenziellen Interessenten darüber hinwegtrösten, dass die Modulbauweise ohne Kolonnenschaltrad nicht ganz zu der Vorstellung passt, die man von der Haute Horlogerie hat. Die Finissierung des Werkes erfolgt durch Genfer Streifenschliff, der recht hübsch mit dem Goldsegment am Ende des Rotors korrespondiert: ein echtes Manufakturwerk mit entsprechender Ausstrahlung.

So faszinierend die Uhr durch ihre dezente Optik auch wirkt und so perfekt die Gangwerte auch waren – das nicht vorhandene reinrassige Chronographenwerk ist ein kleiner Wermutstropfen. In dieser Preiskategorie trifft man auf einen harten Wettbewerb, auch im eigenen Haus, wo mit dem Modell Royal Oak ein von AP überarbeitetes Piguet 1185 (Audemars Piguet 2385) im Einsatz ist. Wer bei einem Chronographen aber die feine Linie, den dezenten Auftritt sucht, ist mit dieser Uhr bestens beraten und wird darüber hinaus noch mit fantastischen Gangwerten belohnt.

Neben diesen Kollektionen gibt es noch weitere wie die Royal Oak, die Millenary, die Canapé, die Promesse und die Royal Oak Offshore. In allen Uhrenreihen werden die meisten der verfügbaren Komplikationen angeboten, so auch in der ovalen Millenary, die es sowohl als Dual Time-Uhr als auch als Chronograph und Drei-Zeiger-Uhr gibt. Highlights sind die, neben den komplizierten wie der Metropolis mit Weltzeitanzeige und Ewigem Kalender, Uhren wie die Concept Watch. Wenn man diese zu Gesicht bekommt mit ihrem Gehäuse aus der in der Luftfahrt verwendeten Superlegierung Alacrite 602, der Titanlünette und dem durchsich-

tigen Werk mit Tourbillon, Dynamograph (Drehmomentanzeige) und der Anzeige der noch verfügbaren Federhausumdrehungen, stellt sich unwillkürlich die Frage, ob nicht heute alle Uhren in ähnlicher Form gebaut würden, hätte es die Quarzuhr nie gegeben. Bei der Concept Watch wird Aufziehen, Stellen und Neutral durch einen separaten Drücker neben der Krone aktiviert, die somit nicht mehr herausgezogen werden muss.

Wer eine Audemars Piguet sein Eigen nennt, kann sicher sein, dass seine Uhr auch Teil der Auslieferbücher und damit

*Das Modell Jules Audemars Tourbillon Minutenrepetition. Diese Rotgolduhr verfügt als weitere Komplikation über einen Chronographen und ist preislich im Segment von Luxussportwagen zu verorten. In Platin daneben eine Variante ohne Chronograph, die mehr Understatement ausstrahlt. Beide Modelle mit Handaufzug.*

der Firmenhistorie ist, die seit etwa 1882 akribisch geführt werden und jeden Kauf rückverfolgbar machen. So ist jede Uhr ein Stück Savoir-faire des Hauses AP, für den Uhrenkenner Savoir-vivre.

# Jaeger-LeCoultre – Manufaktur und Meister der Komplikationen. Der Werkspezialist aus dem Vallée de Joux

Am Ufer des Lac de Joux liegt das Dorf Le Sentier, das eine der berühmtesten Uhrenmanufakturen beherbergt: Jaeger-LeCoultre. Gleich gegenüber dem Haupteingang der Fabrik steht das Denkmal jenes Mannes, der das Unternehmen 1833 aus der Taufe hob. Antoine LeCoultre war erst 30 Jahre alt, als er eine Werkstatt zur Herstellung von Trieben und kleinen Zahnrädern für Uhrmacher eröffnete. Als er 1881 starb, hatte sich bis dahin sein Lebenstraum erfüllt. Er war der größte Uhrenhersteller im Tal der Uhren. Einige hundert Menschen arbeiteten in diesem Unternehmen und stellten neben den Uhren auch die zur Produktion notwendigen Werkzeugmaschinen her.

Antoine LeCoultre entstammte einer Hugenotten-Familie, die wie viele andere ihres Glaubens wegen Frankreich hatte verlassen müssen. In der Schmiede seines Vaters lernte er den Umgang mit Metallen. Er war ein begnadeter Erfinder. Mit dem Millionometer stellte LeCoultre 1844 ein

*Beim Jaeger-LeCoultre Amvox 2 Chronographen fällt auf, dass dieser keine Drücker hat. Die Start-Stopp-Funktion wird durch den Druck auf das Uhrenglas aktiviert. Über Umlenkhebel wird dabei die Kraft auf die Drückerachsen übertragen.*

Messgerät her, mit dem man den millionsten Teil eines Meters, ein Mikron, messen konnte. Diese möglich gewordene Genauigkeit wirkte sich natürlich positiv auf die Produktion der Uhren aus.

1870 beschäftigte LeCoultre annähernd 200 Menschen. Sein Sohn Elie LeCoultre übernahm die Führung des Unternehmens und baute die industrielle Fertigung aus. Zusammen mit seinem Bruder Benjamin macht er die Firma zur ersten Adresse für komplizierte Taschenuhren mit Kalendarien, Repetitionen und Chronographen. Auch Elie LeCoultres Sohn Jacques-David, der 1899 in das Unternehmen eintritt, setzt die Tradition der Firma erfolgreich fort. 1903 ist er es, der mit dem in Paris tätigen Elsässer Chronometermacher Edmont Jaeger Geschäftsbeziehungen aufnimmt. Für das entscheidende Telefongespräch muss Jacques-David in den Nachbarort radeln, da es in Le Sentier zu dieser Zeit noch kein Telefon gibt. Sein Vater macht ihm Vorhaltungen ob des teuren Telefonats, dabei war dies die beste Investition in die Zukunft des Unternehmens.

Jaegers Erfahrungen in der Welt der Luxusuhren eröffnete ganz neue Perspektiven. 1879 hatte sich Jaeger in Paris mit einer eigenen Uhrmacherwerkstatt nie-

*Antoine LeCoultre (1803–1881), der geniale Schöpfer des Unternehmens.*

dergelassen und wurde später offizieller Lieferant der französischen Kriegsmarine. 1907 lieferte LeCoultre Jaeger das gewünschte, bis heute flachste Taschenuhrwerk mit einem Kronenaufzug: das Kaliber 145 mit einem Durchmesser von 39,54 mm und einer Höhe von nur 1,38 mm. Jacques-David, der die Geschäftsführung ab 1906 übernommen hatte, entwickelte in den 1920er-Jahren die ersten Armbanduhren in enger Zusammenarbeit mit Edmont Jaeger, der 1922 starb. Die Zeit ist reich an Innovationen. Mit der Duoplan entsteht ein kleines rechteckiges Uhrwerk, das gut in die zu dieser Zeit beliebten rechteckigen Art déco-Uhren passt. Mit dem Kaliber 101 produziert LeCoultre das bis heute kleinste mechanische Uhrwerk mit der Abmessung 11x13,5 mm bei einer Höhe von 1,5 mm. Es tickt in der Brillantuhr, die Königin Elisabeth II. bei ihrer Krönung trägt. 1928 stellt LeCoultre mit dem Kaliber 134 eine der ersten Armbanduhren mit acht Tagen Gangdauer und Weckerfunktion her. Im gleichen Jahr hat die Atmos Premiere, eine Tischuhr, die ihre Energie aus den Schwankungen der Lufttemperatur bezieht. Sie wird heute ebenso noch hergestellt wie die Reverso, die 1931 auf Wunsch von polospielenden englischen Offizieren entwickelt wurde. Den Spielern waren wiederholt die Gläser ihrer Uhren bei dem rauen Sport gesplittert. Das Wendegehäuse, bei dem das Uhrenglas nach unten gedreht werden konnte, brachte die simple Lösung des Problems. Sie ist als Designklassiker des Art déco in die Uhrengeschichte eingegangen und findet auch heute noch ihre Liebhaber. 1937 fusionieren Jaeger und LeCoultre zur heutigen Marke Jaeger-LeCoultre. Jacques-David, der 1948 starb, war der Letzte aus der Familie, der dem Unternehmen vorstand.

In den 1950er- und 1960er-Jahren sind es Modelle wie die Geomatic, die Memovox und die Futurematic, die den Charakter der Marke prägen. Bei der Geomatic handelt es sich um eine Uhr mit spezieller Abschirmung gegen Magneteinflüsse, die Memovox ist der erste Wecker mit automatischem Aufzug, und die Futurematic mit dem Automatikkaliber 497 verzichtet sogar auf die Aufzugskrone. Mit dem Beta 2 entsteht ein Quarzuhrwerk, an dessen Entwicklung auch Jaeger-LeCoultre beteiligt war.

Wie viele andere glaubt man an die Ganggenauigkeit einer Uhr als höchster Maxime und setzt auf eine Technologie, die sich für die gesamte Uhrenindustrie als verhängnisvoll erweisen sollte. So geht denn der Quarzschock auch an Jaeger-LeCoultre nicht vorüber, aber man hatte den Glauben an die mechanische Uhr nie ganz verloren, und ab 1980 geht es wieder langsam aufwärts. Ideen hatten sich in der Zeit der Krise genügend entwickelt, obwohl es viele in den eigenen Reihen gab, die für die Zukunft der mechanischen Uhr keine Chance mehr sahen.

Das Kaliber 889, ein Schnellschwinger mit sofort wechselndem Datum, das 1983 präsentiert wurde, war ein klares Bekenntnis zur mechanischen Uhr. Das neue Zeitalter der »belle horlogerie« begann 1989 mit einem außergewöhnlichen und luxuriösen Wecker mit Ewigem Kalender und Mondphase, der Grand Réveil. Angetrieben wurde er von dem aus 350 Einzelteilen bestehenden Kali-

*Fast unscheinbar am Rand der Straße das Verwaltungs- und Fabrikationsgebäude von Jaeger-LeCoultre in Le Sentier.*

ber 919. Für den Wohlklang fand eine Bronzelegierung Verwendung, die schon bei den Chinesen der alten Ming-Dynastie verarbeitet wurde und besondere Klangqualität generiert. Vom eigentlichen Uhrwerk aufgehängt, bringt ein kleiner Klöppel die Glocke zum Klingen. Die Läutedauer beträgt knapp 20 Sekunden. Ein nächster Paukenschlag erfolgt mit der Géographique, einer Weltzeituhr, bei der lediglich der Städtename eingestellt werden muss, und sofort sind Ortszeit zusammen mit einer Tag- und Nachtanzeige auf dem zweiten Zifferblatt auf der Sechs zu sehen. 1991, pünktlich zum 700-jährigen Bestehen der Schweiz, wird die Reverso 60 Jahre, und man gedenkt diesem Datum mit einer auf 500 Uhren limitierten Auflage der 60ème, einer Reverso mit Grande Taille-Gehäuse. Diese leitete eine ganze Serie von limitierten Reverso Modellen ein: 1993 das Tourbillon, 1994 die Minutenrepetition, 1996 ein Chronograph mit retrograder Anzeige, 1998 eine Weltzeituhr und 2000 ein Ewiger Kalender.

Mit der Master Control 1000 Hours hatte Jaeger-LeCoultre 1992 eine Uhr vorgestellt, die einen gnadenlosen Testablauf zu absolvieren hatte, bevor sie ans Handgelenk des Kunden kam. Ein goldenes Siegel auf dem Gehäuseboden zertifiziert sichtbar diese neue Qualität. Mit der Master Compressor Diving Pro Geographic wurde eine Taucheruhr mit integriertem Tiefenmesser und zweiter Zeitzone auf den Markt gebracht, die eine Tauchtiefe von 300 Metern ermöglicht. Im Innern tickt das JLC Kaliber 979.

Eine weitere uhrmacherische Höchstleistung ist das Gyrotourbillon I. Bei dieser Uhr hat man die Idee der sich ständig verändernden Lage der Unruh – um Lagefehler auszugleichen – auf die Spitze getrieben, denn das Gyrotourbillon dreht sich nicht nur in einer Lage um sich selbst, sondern rotiert um drei Achsen. Das Werk dieser Uhr arbeitet mit 21600 A/h. Erst nach zwei Minuten kommt das Gyrotourbillon wieder in seine Ausgangsposition zurück. Die Bewegung des Tourbillonkäfigs samt Hemmung wirkt, wie es ein Uhrenkolumnist beschreibt, »wie eine Rolle seitwärts«. Der innere Käfig rotiert dabei mit zweieinhalb Umdrehungen pro Minute. Es wäre, würde man die einzelnen Bewegungschritte einfrieren, die perfekte Kugelform. Mehr noch als eine gesteigerte Genauigkeit bietet diese Uhr so ein unglaubliches Schauspiel der Feinmechanik. Legt man sie ab, so kann man durch ein kleines Sichtfenster auf der Rückseite einen weiteren Blick auf die Funktionsweise des Gyrotourbillons werfen. Eine echte Große Komplikation, die neben dem etwas anderen Tourbillon auch einen Ewigen Kalender mit doppelt retrograder Datumsindikation und einer direkten Anzeige der Zeitgleiche bietet. Hierbei wird die Abweichung der mittleren Sonnenzeit, die mathematisch definiert ist, von der tatsächlichen Sonnenzeit angezeigt.

Auch für den normal verdienenden Uhrenliebhaber hat Jaeger-LeCoultre den einen oder anderen Leckerbissen im Programm. So bietet man einen automatisch aufziehenden Schaltradchronographen mit dem Kaliber JLC 751 an, der mit 28 800 A/h und Keramikrotorlagern auf der Höhe der Zeit tickt. Preislich zwar einige Etagen höher angesiedelt, aber im Vergleich zum Wettbewerb aus dem eigenen Land immer noch sehr günstig: das Master Tourbillon im Stahlgehäuse, das vom Kaliber JLC 978 angetrieben wird. Zur Zeit bietet kaum einer mehr Werkkompetenz wie Jaeger-LeCoultre.

*Die Reverso mit Tourbillon ist, wie die vielen anderen Komplikationen in der rechteckigen Uhr, Signal dafür, wer in diesem Metier unangefochten an der Spitze steht.*

# Komplikationen und Variationen

## Die Fliegeruhr – Nicht nur für Flugzeug-Piloten

Ballon und Luftschiff waren, noch lange vor der Motorisierung, die ersten Fahrzeuge, mit denen man versuchte, sich in der Luft fortzubewegen. So präsentierten die Brüder Joseph-Michel und Jacques-Etienne Montgolfier 1783 einen Heißluftballon, der auf 2000 Meter stieg und 2 km trieb, bevor er zu Boden sank. Aber erst durch die Erfindung des kleinen, schnell laufenden Verbrennungsmotors durch Daimler und Maybach 1883 gelang es dem Leipziger Buchhändler Dr. Wölfert, seinen Lenkballon mit einem effektiven Antrieb zu versehen. 1888 erfolgte die erste Fahrt des Ballons, angetrieben von einem Daimler Motor, von Cannstatt nach Kornwestheim. Graf Zeppelin war es schließlich, der mit seiner Idee des Starr-

*Nach dem Flug kommt der Weltraumflug. Omega und die Speedmaster, für die man zu Recht vollmundig wirbt: »the only watch worn on the moon«. Ein robuster Chronograph mit Handaufzug, der sich auch heute noch gut tragen lässt.*

luftschiffes das Fahren mit Fahrzeugen leichter als Luft perfektionierte. Das erste Luftschiff des Grafen Zeppelin, der »LZ 1«, startete am 2. Juli 1900 am Bodensee, angetrieben von zwei Daimler 10- und 12-PS-Vierzylindermotoren des Typs »Modell N«. Die Ära der sanften Riesen hatte begonnen und sollte sich bis zum Beginn des Zweiten Weltkriegs fortsetzen. Es waren Daimler und in der Folge dann Maybach Motoren, die diesen Giganten des Himmels die Kraft gaben, über Meere und Kontinente zu fahren. Erst 1903 hoben sich dann auch Flugzeuge in die Luft, wenn auch nur für kurze Distanzen. Zwar hatte der Deutsche Wilhelm Kress schon 1901 ein Wasserflugzeug mit Mercedes Motor gebaut, in die Luft aber kam er leider nicht damit. Das gelang erst zwei Jahre später Karl Jahto, allerdings ungesteuert. Gesteuert und damit kontrolliert glückte dies erst dem amerikanischen Brüderpaar Wilbur und Orville Wright. Am 17. Dezember 1903 flog Orville Wright mit der mit einem 2-PS-Vierzylindermotor

ausgestatteten »Kitty Hawk« zwölf Sekunden lang, wobei er eine Strecke von 37 Metern zurücklegte. Seinem Bruder Wilbur gelangen fast eine Minute und 260 Meter. Damit waren es nun auch Flugzeuge, die in den Konkurrenzkampf mit den Luftschiffen eintraten und die sich am Ende im Kampf um den Luftraum behaupten sollten.

Mit dem Aufkommen des Flugverkehrs wurde auch die Uhr als Instrument für Luftschiffer und Flieger immer wichtiger. Auch hier überzeugte die Armbanduhr mit ihrer Funktionalität vor der Taschenuhr, die vielleicht noch problemlos vom Kommandanten bedient werden konnte, der auf der Brücke eines Zeppelins stand, nicht aber vom Piloten, der sich in sitzender Haltung in der engen Kabine eines Flugzeugs aufhielt.

Eine Uhrenfirma, die sich ausführlich mit

*Die große Fliegeruhr Kaliber 50 000 von IWC mit Pellaton-Aufzug, Sieben-Tage-Gangreserve und der Datumsanzeige auf der Sechs (oben). Die Stundenwinkeluhr Lindbergh von Longines. Mit der beidseitig drehbaren Lünette mit Stundenwinkelgraden navigierten die Piloten schon in den Anfangsjahren der Fliegerei (rechts).*

dem Bau spezieller Fliegeruhren beschäftigte, war die International Watch Company. Schon 1936 stellte IWC Schaffhausen ihre erste Spezialuhr für Flieger vor. Um in den Cockpits der zeitgenössischen Flugzeuge zu bestehen, waren besondere Merkmale notwendig: das optimal ablesbare schwarze Zifferblatt mit markanten Leuchtzeigern, großen Leuchtziffern und einer Drehlünette mit Registrierzeiger für Kurzzeitmessungen. Diese Prinzipien gelten noch heute als vorbildlich für die Funk-

tionalität solcher Uhren. Auf diese Spezialuhr für Flieger folgte 1940 die nach militärischen Anforderungen gebaute »Große Fliegeruhr« mit Original-Taschenuhrwerk und großer Zentralsekunde – eine zertifizierte Beobachtungs- und Navigationsuhr für Militärpiloten.

Zivil und militärisch wurde von 1948 an die berühmteste IWC Fliegeruhr, die Mark 11 mit dem Handaufzugskaliber 89, genutzt. Ihr Vorteil gegenüber anderen Fliegeruhren: Sie besaß ein zusätzliches Innengehäuse aus Weicheisen zur Magnetfeldabschirmung. Der Tradition dieser speziell für Piloten gestalteten Zeitmesser folgt die neue Fliegeruhren-Classic-Kollektion. Sie umfasst fünf Modelle: die neue »Große Fliegeruhr«, den Doppelchronographen, die Chrono-Automatic, die klassische Mark XVI und als Neuheit im Fliegeruhrensegment, mit einem Durchmesser von 34 Millimetern, das Midsize-Modell.

Für die Bundeswehr bauten sowohl Junghans mit dem legendären Kaliber 88 als auch Heuer mit dem Valjoux 230 Chronographen für die Piloten.

*Eigentlich mehr Kalenderuhr, aber als wesentliches Merkmal, das oft bei Fliegeruhren zu finden ist, besitzt dieser Zenith Schnellschwinger die Flyback-Schaltung (links). Die Breguet verfügt ebenfalls über eine Flyback-Funktion. Bei diesem Rotgold-Chronographen werden die Minuten aus der Mitte angezeigt (rechts oben).*

Inspiriert durch diese Modelle der klassischen Fliegerchronographen, baute die Firma Sinn in Frankfurt ebenfalls diesen Uhrentyp der robusten Alltagsuhr. Eines der klassischen Modelle ist aufgrund der großen Nachfrage wieder aufgelegt worden. Die Uhr ergänzt die 103er-Modellreihe durch ihr schwarzes Zifferblatt mit weißen Zählerkreisen. Dieses Modell hatte Sinn bereits vor ca. zehn Jahren mit einem Handaufzugswerk hergestellt. Das Modell 103 A Sa ist hingegen mit dem Automatikwerk Valjoux 7750 ausgestattet, hat ein Edelstahlgehäuse und einen Edelstahlfliegerring mit einem Inlay aus schwarz eloxiertem Aluminium.

Trendsetter auf dem Gebiet der Fliegeruhren sind neben Breitling und Tutima auch Fortis, die zumeist Chronographen mit oder ohne drehbare Lünette anbieten, die dem Sportflieger auch Kurzzeitmessungen gestatten.

# Der Regulator – Präzision ist das oberste Gebot

Erfunden wurde diese besondere Zifferblattanordnung, bei der alle drei Zeitanzeigen getrennt sind, am Ende des 18. Jahrhunderts von dem französischen Uhrmacher Louis Berthoud. Dieser präsentierte einen Marinechronometer mit dezentraler Anordnung des Stundenzeigers, wodurch verhindert wird, dass der Stundenzeiger Sekunde oder Minute verdeckt und so ein optimales Ablesen verhindert. Präzisionspendeluhren, wie sie von Observatorien, der Post, Bahn und Uhrenfabriken eingesetzt wurden, waren, der exakten Ablesbarkeit halber, gern mit einem Regulator-Zifferblatt versehen. So auch die Präzisionspendeluhr von Clemens Riefler (München) aus dem Jahre 1927, die zudem über eine 24-Stunden-Anzeige verfügte, oder die Uhren von Strasser & Rohde und Knoblich. Auch heute noch bietet Sattler in München solche Großuhren an, die über eine Gangge-

*IWC bietet die Portugieser auch mit Régulateur-Zifferblatt an. Im Inneren tickt ein Handaufzugswerk mit langem Feinregulierdrücker und einer ³/₄-Räderwerkbrücke (links).*
*Ebenfalls mit Handaufzug und gemächlichen 18 000 A/h: ein Régulateur in Rotgold von der Frankfurter Firma Sinn, die qualitätsvolle und dennoch preisgünstige Uhren direkt vermarktet (rechts).*

nauigkeit von zwei Sekunden im Monat verfügen und damit genauer sind als eine herkömmliche Quarzuhr.

1987 war es Gerd-Rüdiger Lang, der das Regulator-Zifferblatt bei der Armbanduhr – einer limitierten Serie mit einem Unitas Handaufzugswerk – einführte. Zwar hatte schon 1960 der Italiener Leonardo Spinelli zwei Armbanduhren mit Regulator-Zifferblatt gefertigt, diese aber waren nicht Grundlage für eine Serienproduktion geworden. So war Chronoswiss die erste Uhrenmarke, die diese Besonderheit einem breiten Publikum offerierte. Inzwischen bietet Chronoswiss diese ausgefallene Zifferblattgestaltung auch mit

unterschiedlichen Komplikationen an wie Tourbillon und Chronograph.

Mit der Präsentation dieses ungewöhnlichen Eindrückerchronographen mit Schaltradsteuerung schuf Lang auch einen neuen Namen: Chronoscope, was der Funktion, die Zeit zu schauen, auch näher kommt als »Zeitschreiber«, was Chronograph wörtlich übersetzt heißt.

Neben Chronoswiss bieten auch andere Firmen ein Tourbillon mit Regulator-Zifferblatt an, so Ingersoll mit dem Modell Charleston, sehr günstig um die 10 000 Euro, und auch Chopard – natürlich deutlich teurer. Ein Regulator-Zifferblatt ist heute sogar bei Taucheruhren zu erhalten, so bei der Oris Big Crown Divers Regula-

*Ein Tourbillon mit Régulateur-Zifferblatt von der ältesten Uhrenfabrik der Welt. Das Handaufzugswerk ist mit Gangreserveanzeige bei der Elf versehen.*

*Rüdiger Lang, der Vater des Régulateur-Zifferblatts bei der Armbanduhr, baut diese Skelettuhr ebenfalls mit Tourbillon und Régulateur-Zifferblatt, die den ungehinderten Blick auf die Funktionsweisen des Werks gestattet.*

tor. Diese bis 200 Meter wasserdichte Uhr, die von einem ETA 2824-2 angetrieben wird, verfügt über alle für Taucheruhren notwendigen Features wie einseitig drehbare Taucherlünette und eine verschraubte Krone. Selbst so futuristische Uhren wie der »Mercedes SLR McLaren Chronograph« verfügen über eine Regulatorenanzeige. Einige Hersteller wie Guinand bieten ihren Régulateur mit Zeigerdatum aus der Mitte an, was aber das Ablesen erschwert. Besser sind da Komplikationen wie die Mondphase, die Goldpfeil Genf im Angebot hat, oder das Tourbillon Squelette von Chronoswiss.

# Der Chronograph – Der Sportler unter den Uhren

Der Renaissance der mechanischen Uhr im Hochpreissegment verhalfen vor allem die Komplikationen zum Durchbruch. An erster Stelle wäre hier der Chronograph zu nennen – nicht mit dem Chronometer zu verwechseln. Der Zeitschreiber, so die wörtliche Übersetzung, war in der Tat ein solcher, als er von dem französischen Uhrmacher Rieussec um 1820 in Paris präsentiert wurde. Ein winziger Tintentropfen wurde mittels eines Hakens auf das Zifferblatt aufgebracht und markierte so den Beginn des Stoppvorgangs.

Ein ehemaliger Mitarbeiter von Abraham Louis Breguet, der Österreicher Joseph Thaddäus Winnerl, stellte 1831 eine Uhr mit »seconde indépendante«, also unabhängiger Sekunde vor. Bei dieser Konstruktion ließ sich der Sekundenzeiger beliebig oft anhalten und erneut starten, ohne dass dies das Uhrwerk beeinträchtigte. Der Nachteil war die Nullstellung des Sekundenzeigers, die je nach Zeigerstellung bis zu einer Minute in Anspruch nahm. Die Basiserfindung, die dies ermöglichte, war der Herzhebel, ein Mechanismus, bei dem eine herzförmige Scheibe

*Ein geradezu klassischer Chronograph von Breguet als Additionsstopper mit schneckenförmiger Tachymeterskala.*

auf dem Rohr des Sekundenstoppzeigers sitzt. Bei der Rückstellung des Chronographen schnellt ein durch eine Feder beschleunigter Hebel gegen die Kurvenscheibe und treibt somit den Zeiger blitzartig in die Nullstellung. Erfunden hat den Herzhebel 1862 Adolphe Nicole, der in der französischen Schweiz im Vallée de Joux tätig war. Das war die Geburtsstunde des modernen Chronographen. Erst als Eindrückerchronograph in der Taschenuhr, später dann als Additionsstopper, erfuhr auch der Chronograph die Miniaturisierung zur Armbanduhr.

Bei einem Chronographen am Handgelenk spielt für den Fan das Innenleben eine nicht unerhebliche Rolle. Der Kenner möchte eine Schaltradsteuerung der Chronofunktion, und da gibt es zur Zeit bei einem modernen Automatikwerk nur wenig hochwertige Alternativen. Die eine ist das Zenith El Primero Kaliber 400, das erste Automatikchronographenwerk der Welt, das neue Rolex Chronographenwerk, ein Automatikchronograph von Patek Philippe und als weitere das Piguet 1185. Es gehört zu den Werken, die nur in kleinen Stückzahlen an renommierte Hersteller wie Breguet und Blancpain abgegeben werden. Wegen seines modularen Aufbaus – es kann als Handaufzug-, Automatikwerk, Rattrapante oder Flyback pro-

duziert werden – wird es oft irrtümlich als Modulkaliber annonciert. Das freilich ist falsch. Es ist ein reinrassiges Automatik-Chronographenwerk von hoher Exklusivität. Konstruktionsbedingt ist es, mit einem Durchmesser von 25,6 mm (11 $\frac{1}{2}$ Linien) und einer Höhe von 5,4 mm, zudem das kleinste und flachste Werk dieser Bauart. Das Werk hat 37 Steine und eine Schwingungszahl von 21600 HZ/h. Es ist über eine Mikrometerschraube in fünf Lagen sowie bei unterschiedlichen Temperaturen feinreguliert. Insgesamt besteht dieses kleine Wunderwerk der Technik aus 308 Einzelteilen. Einige Werkteile sind mit Wölkchenschliff, andere, ebenso wie der massivgoldene Rotor mit Genfer Streifenschliff verziert. Bei Blancpain zieht sogar ein Rotor aus 21-

*Die IWC Da Vinci mit eigenem automatischen Chronographenwerk und Schaltradsteuerung. Weitere Merkmale sind das Datum auf der Sechs und die Flybackschaltung. Hier in Platin, Rotgold und Stahl.*

karätigem Gold die Uhr einseitig auf. Das erste Chronographenwerk mit automatischem Aufzug und Schaltradsteuerung wurde 1969 von Zenith gebaut und ist auch heute noch State of the Art. Daneben bieten noch Rolex, Patek Philippe, Seiko, Blancpain und Omega Automatikchrono-

*Klassische Schönheit: die Referenz 5070. Platin-Handaufzugschronograph mit einem von der Nouvelle Lemania eigens für Patek Philippe gefertigten Schaltradkaliber.*

graphen mit Schaltradsteuerung an. Der überwiegende Teil der heute erhältlichen Chronographen sind Additionsstopper. Der Drücker bei der Zwei setzt den Chronographen in Gang und hält ihn auch wieder an, der Drücker bei der Fünf lässt Stoppzeiger und Totalisatoren in die Nullstellung zurückkehren. Daneben gibt es eine Reihe von Besonderheiten, wie z. B. die Flybackfunktion. Dieses Konstuktionsprinzip war vor allem bei Militärchronographen in der Fliegerei im Einsatz. Bei der Bundeswehr war es das Valjoux 230, das die Heuer oder Leonidas Chronographen antrieb. Die Besonderheit dieser Schnellschaltung ist, dass der Stoppvorgang ohne vorherige Unterbrechung sofort durch Betätigung des unteren Drückers wieder aktiviert werden kann. Dadurch entfällt das zeitraubende Anhalten und Rückstellen des Chronographenzeigers. Durch diese auch »Retour-en-Vol« genannte Schaltung wird aus dem Kaliber 1185 das Kaliber F185. Nur zwei weitere Hersteller bieten diese Komplikation zur Zeit an. Es sind dies Zenith, ebenfalls mit einem Schaltradchronographen, und Breguet. Bei Letzterem erfolgt die Steuerung des Chronographen über Hebel und Kulisse. Eine weitere klassische Komplikation ist der Chronograph mit Rattrapante-Steuerung. Rattrapante, von dem französischen

Verb rattraper abgeleitet, bedeutet soviel wie wieder einfangen, nachholen, einholen und beschreibt diese Art der Steuerung besser als der deutsche Begriff des Schleppzeigers. Denn der Zeiger wird zwar mitgeschleppt und gegebenenfalls auch ausgeklinkt, kann jedoch jederzeit den Sekundenzeiger wieder einholen, was ja bei einem Schleppzeiger, beispielsweise im Drehzahlenmesser eines Automobils, nicht möglich ist.

Vielfach mit dieser Komplikation von unterschiedlichen Herstellern aufgerüstet, wurde das Valjoux 7750 das zur Zeit meist verbaute automatische Chronographenwerk oder die zur Handaufzugsversion abgespeckte Variante 7760. Während viele Hersteller bei Rattrapante-Versionen einen Einzangenmechanismus unsichtbar unter das Zifferblatt legen, bot IWC bei seinem Modell Portugieser Rattrapante eine wunderschöne Doppelzangenkonstruktion auf der Rückseite des Werkes an. Es ähnelt somit vom Aufbau dem Venus 179, das unter anderem Breitling in den 1950er-Jahren verbaute, auch wenn die Steuerung des Chronographen lediglich über Hebel und Kulissen und nicht über ein Schaltrad erfolgt. Dieses Schmankerl – Schaltrad, Automatik und Rattrapante – findet sich heute noch bei Blancpain.

Keine andere Uhrenbauart fasziniert die Mehrheit der männlichen Uhrenaficionados mehr als der Chronograph. Als einzige Komplikation erlaubt sie dem Besitzer

*Die Omega Speedmaster als elegante Skelettuhr in Weißgold. Auch so lässt sich ein Chronograph tragen.*

163

den Eingriff in das Uhrwerk selbst. Natürlich stellt man einen Wecker oder aber ruft die Zeit in hörbarer Form bei einer Minutenrepetition ab, beides aber sind einmalige Akte. Der Chronograph hingegen erlaubt es dem Nutzer, virtuos mit der Zeit zu spielen, indem er sie in Sekunden, Minuten oder Stunden unterteilt misst, die Messung unterbrechen kann und sich so in einem dauernden Dialog mit dem Chronoscope (wie der Chronograph exakter heißen müsste) befindet. Chronoswiss Macher Rüdiger Lang war einer der Ersten, die, terminologisch korrekt, den Begriff Chronoscope verwendeten und dies für eine außergewöhnliche Uhr: ein Eindrückerchronograph mit Regulatoren-Zifferblatt, dessen Mechanismus über ein unter dem Zifferblatt liegendes Schaltrad gesteuert wird. Dazu wurde der Chronographenmechanismus in das Werk eines Enicar Kalibers 165 konstruiert, ein Manufakturkaliber, das als C 122 die Basis für den Régulateur Chronoswiss bildet.

Eine weitere Besonderheit in der an Besonderheiten nicht armen Chronographenlandschaft ist die Foudroyante oder Diablotine, ein Mechanimus, der es gestattet, die Sekundenbruchteile genau auf einem Hilfszifferblatt abzulesen. Abhängig von der Schwingungszahl der Unruhe, dreht er sich fünf, sechs oder sogar zehnmal in einer Sekunde. Im Deutschen findet sich dafür auch der Sprachgebrauch der »blitzenden Sekunde«. Auch bei dieser Komplikation, die nur von

wenigen Herstellern wie Girard-Perregaux bei der Vintage Foudroyante XXL oder der Graham Foudroyante angeboten wird, dient das bewährte Valjoux 7750 als Antrieb. Mit seinen 28 800 A/h ist das Messen der Achtelsekunde möglich. Zumeist wird dies mit einer weiteren Komplikation verknüpft – in diesen beiden Fällen mit einem Rattrapante.

Schon der normale Chronograph mit der zentralen Anzeige der Sekunden und der 30-Minuten-Anzeige über dem kleinen Totalisator bietet, je nach Skalierung, jede Menge an messbaren Ereignissen: Die Telemeterskala, um zu wissen, wie weit das Gewitter noch entfernt ist, die Tachymeteranzeige, um die Geschwindigkeit zu Fuß, auf dem Fahrrad oder im Automobil zu ermitteln, den Puls- und Produktionszähler bis hin zur entsprechenden Skalierung für die fälligen Gebühreneinheiten beim Telefonieren. Doch selbst ohne entsprechende Skalen bietet der Chronograph nützliche Zusatzdienste neben dem Messen der Uhrzeit. Der auf den Minuten- oder Stundenzeiger eingestellte zentrale Messzeiger bietet dem Betrachter einen gut zu erfassenden Überblick über die vergangene Zeit. Ein unbedingt einzuhaltender Termin kann dadurch markiert werden, indem man den Stoppzeiger auf der entsprechenden Uhrzeit platziert. Hat man einen Rattrapante, können es sogar zwei Ereignisse am Tag sein, die auf diese Weise ins Bewusstsein gerufen werden. Keine andere Komplikation eignet sich

zudem so gut dazu, mit anderen Komplikationen gekoppelt zu werden wie die des
Chronographen. Der Kalender, der Ewige
Kalender, der Wecker, das Tourbillon und
die Weltzeitindikation, sie alle lassen sich
trefflich mit dem Chronographen verbinden.

*Das erste eigene Chronographenkaliber
von Patek Philippe mit Schaltradsteuerung. Zusätzlich gibt es einen Jahreskalender und eine Gangreserveanzeige.
Neben der Platinvariante ist die Uhr auch
in Rotgold erhältlich.*

# Die Mondphase – Am Handgelenk ist der Mond eine Scheibe

Die Renaissance der mechanischen Armbanduhr hatte nicht zuletzt ihren Ursprung in der Faszination, die von der Mondphasenanzeige ausging – jenem kleinen Mond, der als lachendes Gesicht oder als goldene Scheibe das Zifferblatt schmückt. Blancpain präsentierte 1984 ein solches Modell, das auf Anhieb die Zustimmung der Käufer fand. Für all jene, in deren Leben der Mond eine besondere Rolle spielt, ist auch bei bewölktem Himmel jederzeit die jeweilige Phase des Erdtrabanten in Erfahrung zu bringen.

In einem Abstand von 363 000 bis zu 406 000 Kilometern zieht der mit einem Durchmesser von 3476 Kilometer kleine Erdtrabant seine Bahn um den blauen Planeten. Die genaue Zeit, die der Mond für einen Umlauf benötigt, beträgt 27 Tage, sieben Stunden, 43 Minuten und 12 Sekunden. Die sogenannte Lunation, also die Mondbewegung, die zusätzlich durch die Erdbewegung um die Sonne gekennzeichnet ist, beträgt exakt 29 Tage, 12 Stunden, 44 Minuten und 2,8 Sekunden. In dieser Zeit durchläuft der Mond die Phasen Neumond, erstes Viertel, Vollmond, letztes Viertel und wieder Neumond. Die Uhrmacher haben es sich etwas vereinfacht, indem sie den Umlauf genau auf 29 Tage und zwölf Stunden festlegen. Hier findet sich auch der Grund für die zwei Monde auf der Mondscheibe, die täglich geschaltet wird. 59 Tage lassen sich besser darstellen als deren Hälfte. Nach zweieinhalb Jahren muss manuell um einen Tag korrigiert werden.

Es gibt allerdings auch Konstruktionen wie bei A. Lange & Söhne, bei denen die Mondphase kontinuierlich mitläuft, wo-

*In einem eigens für diese Handaufzugsuhr geschaffenen Formwerk präsentiert A. Lange & Söhne in der Cabaret Groß-datum und Mondphase (links).*
*Bei diesem Lange Werk ist gut zu erkennen, dass die auf der Werkoberseite montierte Mondscheibe über zwei Monde verfügt (rechts).*

*Taschenuhrwerk mit Mondphase. Die IWC Referenz 5251, die für die Portofino-Linie Pate stand, wurde für die Vintage-Kollektion neu aufgelegt und ist nun wieder in Stahl und Platin als Referenz 5488 erhältlich (oben).*
*Eine Blancpain Kalenderuhr mit Mondphase. Das Kaliber 6763 verfügt über einen automatischen Aufzug und kann durch einen Saphirglasboden bewundert werden (rechts).*

durch der Anzeigefehler auf 1,9 Sekunden reduziert wird. Erst die zweite Erbengeneration muss also, eine durchschnittliche Lebenserwartung vorausgesetzt, in 122 Jahren die Mondphase per Hand korrigieren.

Die Mondphase tritt zumeist in Verbindung mit anderen Komplikationen wie dem Voll- oder Ewigen Kalender auf. Konzeptionell ist die Designausführung der meisten Mondphasenuhren die oben beschriebene Scheibe, es gibt allerdings auch Varianten wie einen sich drehenden Mond, der das Zifferblatt umrundet wie bei der Moontime I von Bunz oder aber die Darstellung der verschiedenen Mondphasen, die von einem Zeiger überstrichen werden, wie bei einem Modell von Patek Philippe. Allerdings zeigen die meisten Mondphasenanzeigen geopolitisch korrekt nur für die nördliche Hemisphäre an. Lediglich die IWC Portugieser Perpetual Calender zeigt beide Mondphasen, die der nördlichen wie der südlichen Hemisphäre, durch zwei Anzeigefelder an. Diese Besonderheit findet sich auch bei A. Lange & Söhne. Der Konsument muss dazu allerdings zwei Uhren im Doppelpack erwerben. Die »Luna Mundi« als »Southern Cross«, in Rotgold mit braunem Krokolederband und als »Ursa Major« in Weißgold mit schwarzem Krokolederband, zeigen jeweils die Mondphasen der beiden Hemisphären korrekt an. Die Mondphasenscheibe zeigt darüber hinaus auch jeweils das Sternbild des Großen Bären oder des Kreuz des Südens an. Für die Anzeige der südlichen Hemisphäre musste lediglich ein Zwischenrad eingefügt werden, das die Drehrichtung der Mondphasenanzeige umkehrt.
Wie bei Kalenderuhren oder Ewigen

Kalendern ist es auch bei Mondphasenuhren schwierig und nervenraubend, die
Uhr nach Stillstand wieder neu zu stellen.
Bei Automatikuhren bietet sich der Uhrenbeweger an, um den Stillstand zu verhindern. Auch für Handaufzugsuhren offeriert die Firma Orbita ein Gerät, das über
die Aufzugskrone die Uhr täglich aufzieht.
Dabei misst ein Mikroprozessor permanent den Widerstand der Feder und steuert den Aufzugsvorgang. Allerdings kostet
ein solches Gerät ein Vielfaches dessen,
was für einen normalen Uhrenbeweger zu
entrichten ist.

Schon früh wurde in der Geschichte der
mechanischen Uhr die Mondphase zu
einer beliebten Komplikation, und immer
mehr Menschen ergötzen sich an der wan-

*Mondphase und Großdatum einmal
anders. Die Glashütte Original Panorama-
datum mit ihrem asymmetrischen Zifferblatt (oben).*
*Das Valjoux 7751 ist, ähnlich seinem Vor-
gänger mit Handaufzug, dem Valjoux 88,
ein Chronographenkaliber mit Kalender
und Mondphase. Ein robustes Werk, das
auch den Einsatz dieser Komplikationen
bei einer Sportuhr ermöglicht (rechts).*

dernden Mondscheibe auf dem Zifferblatt. Schon aus dem Jahre 1650 findet
sich eine Taschenuhr von dem Belgier
Heinrich Verstylen mit Mondphase und
Kalenderanzeige, was beweist, dass sich
die Menschen schon seit über 350 Jahren
an dieser Komplikation erfreuen.

# Der Kalender – Tag und Monat auf dem Zifferblatt

Um zu begreifen, vor welche besonderen Probleme eine Kalenderanzeige den Uhrmacher stellt, ist es notwendig, einen kurzen Blick auf die Entwicklung unseres Kalendariums zu werfen. Ursprung und auch heute noch Basis unserer kalendarischen Erfassung der Zeit ist der Julianische Kalender, der auf Gajus Julius Cäsar zurückgeht und der den altrömischen Kalender, der sich am Mondlauf orientierte, ablöste. In jenem hatte das Jahr zwölf Monate mit einer Durchschnittsdauer von 29,5 Tagen. Dies hatte immer wieder Korrekturen erforderlich gemacht, da das Sonnenjahr dem Kalender um etwa zehn Tage vorauseilte. Basierend auf den Berechnungen von Hipparchos von Nikaia, der im 2. Jahrhundert vor Christus das Sonnenjahr mit 365 Tagen, 5 Stunden, 55 Minuten und 12 Sekunden bereits recht genau beschrieben hatte, wurde ein neuer Kalender geschaffen, der am 1. März begann und abwechselnd 30 bzw. 31 Tage hatte. Lediglich der Schlussmonat eines Jahres,

*Jaeger-LeCoultre – wahre, alle Komplikationen beherrschende Meisterschaft. Der Master Kalender in Rotgold Referenz 151242D mit dem Automatikwerk JLC 924 verfügt zusätzlich auch über eine Gangreserveanzeige*

der Februar, wurde mit 29 und 30 Tagen als Schaltmonat genutzt.

Trotz anfänglicher Schwierigkeiten – man hatte alle drei Jahre ein Schaltjahr eingelegt und einige durch Augustus initiierte Modifikationen, denen wir den August und ein auf 28 bzw. 29 Tage reduziertes Schaltjahr verdanken – funktionierte dieser Julianische Kalender bis ins Jahr 1582. Nachdem das christliche Osterfest immer mehr zur Jahresmitte hin rückte, ergab eine Überprüfung, dass der Julianische Kalender genau 11 Minuten und 14 Sekunden zu lange währte und somit nach 128 Jahren eine Korrektur von einem Tag erforderlich machte. Der nun zum Einsatz kommende Gregorianische Kalender, der auf Papst Gregor XIII. zurückgeht, löst das Problem der fehlerhaften Jahreslängen dadurch, dass von der Säkularjahren nur die durch 400 teilbaren Schaltjahre sein sollten und nach weiteren 4000 Jahren der 29. Februar erneut entbehrlich ist.

Die schon seit dem 14. Jahrhundert in Gebrauch befindlichen Kalenderuhren hatten einen mit dem Uhrwerk gekoppelten Kalendermechanismus, der auf derlei Feinheiten keine Rücksicht nahm und spätestens nach drei Monaten per Hand weitergeschaltet wurde. Daran hat sich bei einfachen Kalenderuhren bis heute nichts verändert. Die Kalenderanzeige erfolgt entweder durch Fenster oder Zeiger, die wiederum auf kleinen Hilfszifferblättern montiert oder aus der Mitte heraus Monat und Tag anzeigen. Einige Hersteller machten aus der Not eine Tugend und ließen die Monatsanzeige abgekoppelt vom Uhrwerk, sodass bei jedem neuen Monat manuell umgeschaltet werden musste.

Trotz der heute verbreiteten Day-/Date-Anzeige versteht man unter einer Kalenderuhr immer noch die Anzeige von Tag, Wochentag und Monat. In der Vergangenheit waren es vor allem die Valjoux Werke, die als Chronographenwerke mit Kalenderindikationen als 72C und 88 von vielen Herstellern genutzt wurden. Ersteres war ein reines Kalenderwerk, beim Valjoux 88 kam noch die Mondphasenanzeige hinzu. Auch heute ist es vor allem wieder ein Valjoux Werk, das 7751, das Kalender, 24-Stunden-Anzeige und Chronograph bietet, allerdings als Automatikuhr. Übertroffen wird die einfache, aber robuste Valjoux Konstruktion von dem Zenith El Primero Werk, das als 410 über einen Vollkalender mit Mondphase verfügt. Anders als das Valjoux zeigt es das Datum im Fenster und nicht über einen Pointer an. Technisch ist dieses Zenith Kaliber 410 mit seiner Schaltradsteuerung und dem integrierten Kalendermechanismus mit das Feinste, was man als Kalenderuhr erwerben kann. Aber auch einfache Werke wie das ETA 2892 sind in ihren unterschiedlichen Derivaten mit Kalendermodul erhältlich, keine schlech-

te Wahl, denn dieses Werk ist außerordentlich robust. Daneben bietet Blancpain mit dem Kaliber 6763 eine Kalenderuhr mit 100 Stunden Gangreserve an, und auch Jaeger-LeCoultre hat mit dem 891-448-2 ein attraktives Kalenderkaliber, das auch von anderen Herstellern gerne verbaut wird.

Aber alle diese Kalender haben den schon oben beschriebenen Nachteil, dass sie immer 31 Tage zählen und so bei kürzeren Monatslängen Korrekturen von Hand vorgenommen werden müssen. Neben dem Ewigen Kalender bieten einige Hersteller wie z. B. Patek Philippe Jahreskalender an, die jeweils nur im Februar einer Korrektur bedürfen. Das Patek Philippe Kaliber 315 S ist sowohl als reiner Jahreskalender als auch zusätzlich mit Mondphasenanzeige erhältlich.

Bei Kalenderuhren gilt es zu bedenken, dass hier schon eine eher empfindliche Technik zum Einsatz kommt, die sich nicht mit sportlichen Aktivitäten verträgt. Auch sollte der Käufer einer Kalenderuhr daran denken, dass sie, einmal stehen geblieben, schwierig wieder einzustellen ist. Deshalb ist eine Kalenderuhr mit automatischem Aufzug dem Handaufzug vorzuziehen.

*Eine Kalenderuhr von Vacheron Constantin mit retrograder Anzeige des Wochentags und des Datums. Eine Platinuhr, deren Wert nur der Connaisseur erkennt.*

# Der Wecker – Auch kleine Uhren können laut tönen

Wer des nervigen und manchmal in Konferenzen peinlichen Gepiepses der elektronischen Technologie überdrüssig ist, mag sich zurücksehnen nach dem Klingeln oder Rasseln des guten alten Weckers. Vielleicht führt das dann dazu, dass man sich eine Armbanduhr mit Wecker zulegt und alle mit überbordender Elektronik ausgerüsteten Kollegen mit den zarten Tönen einer mechanischen Weckeinrichtung überrascht.

Der Wecker: eine eher vernachlässigte und bis vor Kurzem mit einer Ausnahme eher bei preisgünstigen mechanischen Uhren zum Einsatz gekommene Komplikation. Schon in der Vergangenheit war der Wecker eher Bestandteil der Tisch- denn der Taschenuhr. Zwar stellt Eterna 1914 ein 13-liniges Weckerwerk vor, das man bereits 1908 zum Patent angemeldet hatte, doch eine allgemeine Akzeptanz dieser Neuheit will sich nicht einstellen. Erst 1947 erzielt Vulcain durch eine spezielle Weckerkonstruktion mit einer akustischen Membrane, die frei schwingend ihr volles

*Wecker für Weltreisende. Maurice Lacroix bietet neben Datum und der Anzeige einer zweiten Zeitzone auch eine Weckerfunktion, sodass diese Uhr der ideale Reisebegleiter ist.*

Volumen entfalten kann, den Durchbruch. Nun springen auch andere Hersteller auf den fahrenden Zug auf oder erinnern sich wie LeCoultre daran, dass sie sich schon in den 1920er-Jahren mit dieser Technologie beschäftigt hatten. Der »Memovox« folgt 1956 die »Memovox Automatik« mit dem Kaliber 815 als der ersten Automatik-Weckeruhr, damals noch mit Hammerautomatik. Omega präsentiert 1969 mit der »Memovatic« eine Weckeruhr, die sich auf die Minute genau einstellen ließ. Allein 1,4 Millionen Werke des von der A. Schild S. A. produzierten Wecker-Kalibers AS 1475 wurden bis 1974 produziert.

Es ist die Firma Jaeger-LeCoultre, die Anfang der 1990er-Jahre in der Mechanikeuphorie eine hochpreisige Weckeruhr vorstellte. Mit der Grand Réveil präsentierte man der erstaunten Mechanikgemeinde einen Wecker, der es in sich hatte. Nicht nur, dass es sich um eine Kombination von Ewigem Kalender, Mondphase und Wecker handelte – eine bis dahin unbekannte Kombination –, nein, auch die Konstruktion des Weckers beeindruckte durch seine spezielle Glocke aus chinesischer Bronze und den dadurch erzielten Klang, der sich deutlich vom bisher gewohnten profanen Rasseln unterschied. Dieses Kaliber 919 wurde als 918

auch als reiner Wecker ohne weitere Komplikation, Datumsanzeige ausgenommen, angeboten. Diese Uhr, die nur in Gelbgold, Rotgold oder Platin erhältlich war, kostete in der preisgünstigsten Ausführung 1995 stolze 27 800 DM, womit der Kreis der Interessenten stark eingegrenzt wurde. Preisgünstiger ist da schon ein Remake der Vulcain zu haben, sogar als »Cricket Nautical« unter Wasser einsetzbar.

Wenn der Wecker auch nicht mit der Attraktivität anderer Komplikationen konkurrieren kann, so setzen einige Hersteller auf den Wecker in Kombination mit anderen Komplikationen. So zeigt Fortis mit seinem auf dem Valjoux Kaliber 7750 basierenden Alarm-Chronographen eine erstmalig umgesetzte Kombination beider Komplikationen; auch Breguet und Blancpain zeigen mit der »Le Réveil du Tsar« bzw. der »Léman Réveil GMT« eine interessante, sinnvolle Verbindung zwischen Wecker und GMT-Uhr.

Wer bräuchte auf Reisen nicht auch einen zuverlässigen Wecker, der vom lästigen Hotelweckdienst befreit? Erfreulicherweise zieht der automatische Aufzug des Blancpain Kalibers 1241 sowohl die Uhr wie auch das Läutwerk auf. Bei den ersten Weckerwerken mit Handaufzug mussten Läutwerk und Uhrwerk über jeweils zwei Kronen mit Energie versorgt werden. Später dann gab es Ausführungen, bei denen das Uhrwerk zwar automatisch aufgezogen wurde, das Läutwerk aber nach wie vor von Hand mit Federspannung versorgt werden musste. Da heutzutage dank automatischem Aufzug immer Energie für das Läutwerk vorhanden ist, benötigt man neben der Weckerfunktion-Indikation auch die An- und Ausstellmöglichkeit, um nicht im unpassenden Moment durch einen klingelnden Wecker gestört zu werden. Sollten Sie es doch versäumt haben und der Wecker ertönt ungewollt, so können Sie sich sicher sein, dass diese Art der Störung mit Sympathie und Toleranz von ihrer Umgebung aufgenommen wird. Mechanik sei Dank.

# Die Weltzeituhr – Die Zeitzonen als GMT und/oder UTC

Unter dem Druck einer rasch voranschreitenden Industrialisierung und einem seit der Mitte des 19. Jahrhunderts zunehmenden Eisenbahnverkehrs ergab sich die Notwendigkeit, die unterschiedlichen Zeitzonen national wie international neu zu bestimmen. Ab 1875 erfolgte dann eine globale Einteilung der Welt in 24 Zeitzonen. Der Initiator war ein Ingenieur namens Sandford Fleming, der vorschlug, die 360 Grad der Erde durch die Anzahl der Stunden eines Tages zu teilen und dass nun im jeweiligen Versatz von einer Stunde im Bereich von 15 Längengraden die gleiche Zeit gelten sollte. Als Nullmeridian wurde das kleine englische Städtchen Greenwich erkoren, das heute ein Teil Londons ist. GMT heißt demnach nichts anderes als Greenwich Mean Time. In Deutschland wurde die einheitliche Zeitbestimmung 1893 festgelegt. Die Datumsgrenze befindet sich auf dem Anti-Meridian, dem 180. Längengrad etwa zwischen Samoa und Auckland. Die UTC, sprich die »Universal Time Coordinated«, die 1919 eingeführt wurde, ermöglich eine globale Verständigung in Sachen Zeit, da eine vierstellige Zahlenangabe irrtumssicher die genaue Zeitangabe ermöglicht und das sowohl in der Anzeigenform als auch im sprachlichen Ausdruck. Vor allem im englischsprachigen Raum mit der Zusatzangabe vor Mittag (a.m. = ante meridian) und nach Mittag (p.m. = post meridian) waren Verständigungsschwierigkeiten vorprogrammiert. So ist denn das missverständliche 2.35 a.m. nach UTC – gesprochen »zero two thirty-five« und 0235 geschrieben – recht eindeutig.

Seit etwa den 1930er-Jahren sind Armbanduhren mit Weltzeitanzeige auf dem Markt. Mit jeder Uhr, die über einen zweiten separat verstellbaren Stundenzeiger verfügt, hat man theoretisch die Möglichkeit, eine zweite Zeitzone zu führen. Allerdings weiß man immer nur am jeweiligen Standort, ob Tag- oder Nachtzeit herrscht. Deshalb bedarf die Zeitzonenuhr einer Tag-/Nacht-Anzeige oder aber einer 24-Stunden-Anzeige. Diese befindet sich oft auf der Lünette, oder aber sie ist als 24-Stunden-Kranz außen oder innen auf dem Zifferblatt aufgedruckt. Der ursprünglich einmal nicht verstellbare GMT-Zeiger umrundet das Zifferblatt einmal in 24

*Weltzeit vom Feinsten. Dazu gibt es eine Gangreserveanzeige, Großdatum und eine Tag-/Nacht-Anzeige, die dann wichtig ist, wenn man nur eine 12-Stunden-Skalierung hat.*

Stunden. Natürlich lässt sich die 24-Stunden-Anzeige auch auf einem kleinen Hilfszifferblatt darstellen oder aber die Uhr hat zwei 24-Stunden-Anzeigen, was für jene verwirrend ist, die an herkömmliche Uhren gewöhnt sind.

Sobald eine Uhr mehrere Weltzeitzonen darstellt, sprechen wir von einer Weltzeituhr. Die Städte, die exemplarisch für die Zeitzonen stehen, sind meist auf der Lünette oder aber dem Zifferblatt der Uhr aufgedruckt. Eine ähnliche Funktion findet man im Übrigen auf jedem Handy oder Laptop vor. Anzeigen mittels eines zweiten Zifferblattes mit Tag-/Nacht-Anzeige bieten die Jaeger-LeCoultre »Géographique« und kostengünstiger,

aber nicht so ausgefeilt, die Oris Worldtimer XXL. Bis zu vier Hilfszifferblätter finden bei dieser Bauart Verwendung. Bei anderen Modellen lassen sich die Zeitzonen durch Städte identifizieren, die zusammen mit der jeweiligen Zeitangabe in Fenstern angezeigt werden. Das Verstellen erfolgt entweder über die Krone oder aber praktischer und schneller über einen oder zwei Drücker. Bei zwei Drückern kann dann vor- und zurückgeschaltet werden.

Eine hübsche, an eine Mondphasenuhr erinnernde Lösung bietet Blancpain mit seiner Time Zone an. Neben einer zweiten Zeitanzeige unter der Zwölf befindet sich auf der Neun eine Tag-/Nacht-Anzeige in Form eines Halbkreises, der entweder einen Mond oder eine Sonne anzeigt und so keine Unklarheiten über Tag- oder Nachtzeit lässt. Bei den GMT-Uhren immer noch beliebt sind die Rolex Modelle GMT-Master II und GMT-Master. Eine wirklich ausgefallene Zeitzonenuhr ist die Ulysse Nardin mit Ewigem Kalender und einer Zeitzonenanzeige, die sich über Drücker problemlos vor- und zurückstellen lässt.

*Eine zweite Zeitzone über eine digitale Anzeige bei der Neun bietet die Ulysse Nardin GMT (links).*
*Was wie eine Mondphasenuhr aussieht, ist die Tag-/Nacht-Anzeige bei dieser Blancpain Zeitzonenuhr (rechts).*

# Das Tourbillon – Die französische Revolution des Uhrenbaus

Wenn es um die Ganggenauigkeit einer mechanischen Uhr geht, sind es zahlreiche Faktoren, die darauf Einfluss haben – unter anderem auch die Schwerkraft der Erde. Vor allem, wenn die Uhr in konstanter Lage in der Hosen- oder Westentasche getragen wird. Jede kleine Unwucht der Unruh wirkte sich so auf das Gangverhalten der Uhr negativ aus. Es war Abraham-Louis Breguet (1747–1823), der wohl um das Jahr 1795 eine technische Lösung entwickelte, die aus diesem Dilemma herausführte. Das Tourbillon (dt. Wirbelwind) ist eine Erfindung, bei der sich Anker, Ankerrad und Unruh in einer filigranen Konstruktion auf der Welle des Sekundenrads montiert befinden. So kann sich das ganze Ensemble einmal pro Minute um sich selbst drehen und so Lagen- und Schwerpunktfehler ausgleichen. Erst sechs Jahre nach der Erfindung beantragte Breguet ein Patent, das im gleichen Jahr 1801 erteilt wurde. An den zuständigen Minister schrieb Breguet: »Es ist mir mit dieser Erfindung gelungen, mittels Kompensation die Fehler, die durch Verlagerung des Werks und Verschiebung des Schwerpunkts entstehen, zu verhindern sowie die Reibung gleichmäßig an allen Teilen der Zapfen im besagten Werk zu verteilen, auch wenn das Öl dicker wird. Ferner behebe ich andere Fehler, die die Genauigkeit des Werks mehr oder weniger beeinträchtigen, in einer Weise, die den bisherigen Stand unseres Wissens bei weitem übersteigt.« Die Drehung des Käfigs um 360° vollzieht sich bei den meisten Konstruktionen im Verlauf einer Minute, sodass es möglich ist, den Sekundenzeiger direkt auf der Käfigachse zu montieren. Es gab aber auch Konstruktionen, die sich nur alle vier oder sechs Minuten um die eigene Achse drehten, was aber keinen erkennbaren Vorteil brachte.

Es waren in der Geschichte der Uhrmacherei nur wenige, die diese diffizile Konstruktion beherrschten. In Deutschland waren es vor allem Alfred Helwig und A. Lange & Söhne, die mit herausragenden Tourbillon-Konstruktionen auf sich aufmerksam machten. Die besondere

*Ein Zentraltourbillon von Omega. Die Zeiger für die Zeitanzeige sind auf hauchdünnen Glasplättchen aufgedruckt, die vom Rand her angetrieben werden. Der Sekundenzeiger ist Teil des zentral angeordneten Tourbillons, das automatisch aufgezogen wird.*

*Eine Sonderform der sich um sich selbst drehenden Unruh ist das oben abgebilde- te Karussell von Blancpain.*

Variante war das von Helwig entwickelte »fliegende Tourbillon«, das durch seine einseitige Aufhängung einen freien Ein- blick in das Drehgestell bietet.

Durch den hohen Anteil an Handarbeit waren und sind Uhren mit Tourbillon exor- bitant teuer. Heute trägt der Uhren-Con- naisseur das Tourbillon am Handgelenk. Dort ist es eigentlich unnötig, denn durch die Bewegung des Arms werden ohnehin alle Lage- und Schwerpunktfehler sozusa- gen automatisch ausgeglichen. Dennoch war der Grund für seine Verwendung bei Armbanduhrwerken ebenfalls das Ziel der höheren Ganggenauigkeit. Bei den Obser- vatoriumswettbewerben, der Formel 1 der Uhrmacherzunft, bei denen es um maximale Ganggenauigkeit ging, die in der Folge werbemäßig ausgeschlachtet wurde, brachte Patek Philippe zwischen 1958 und 1966 mit dem Kaliber 34 T ein Tourbillon an den Start. Trotz der gegenüber den Mitwettbewerbern auf- wendigen Konstruktion ge- lang dem 34 T-Tourbillon lediglich 1962 ein Doppel- sieg, Freilich nur als Prototyp, der von Kunden nicht erworben wer- den konnte. Bei diesen Wettbewerben war die Kunst des jeweiligen Regulators oft ausschlaggebender als die der Kons- truktion. Dennoch hatte auch Omega 1950 ein Tourbillon ins Rennen geschickt, das zudem siegreich war.

Erst im Zuge der Renaissance der mecha- nischen Uhr im Jahre 1986 präsentierte erstmalig Audemars Piguet eine flache Uhr mit automatischem Aufzug und Tour- billon zum Verkauf. Um dem Käufer nicht nur eine Uhr, sondern auch das zumeist gewünschte Talking Piece zu geben, wur- de der sich drehende Käfig durch einen Durchbruch im Zifferblatt sichtbar ge- macht. So kann das Gegenüber bereits auf den ersten Blick erkennen, welche Kostbarkeit man am Arm trägt. Denn trotz computergesteuerter Elektroero- sionsmaschinen, die eine im Vergleich zur

*Dass nicht jeder Hersteller das Zifferblatt in Höhe des Tourbillons skelettiert, zeigt dieses dezente 10-Tage-Handaufzugs- tourbillon mit Chronometerzertifikat und im Platingehäuse eingeschalt. Mit der Referenz 5101 treibt Patek Philippe das Understatement auf die Spitze.*

Das Malteserkreuz, Markenzeichen von Vacheron Constantin, verziert das Tourbillon. Der Käfig dreht sich einmal in der Minute um sich selbst und kann so zur Anzeige der Sekunde genutzt werden.

Cabaret Tourbillon von A. Lange & Söhne im Platingehäuse. Dieses Handaufzugswerk ist das erste Tourbillonwerk mit Sekundenstopp und kann daher präzise eingestellt werden, was bislang bei Tourbillons nicht möglich war.

*Der sich um sich selbst drehende Tour-
billonmechanismus ist heute eher visuelle
Attraktion als Maßnahme zur Erhöhung
der Ganggenauigkeit. Deshalb skelletie-
ren die meisten Hersteller die Zifferblätter
bei ihren Tourbillonmodellen.*

Handarbeit kostengünstige Herstellung
von Kleinteilen gestatten, ist das Tourbillon immer noch die teuerste Komplikation. Sie ist eine anachronistische, zugleich aber faszinierende Konstruktion,
ganz wie die mechanische Armbanduhr
selbst. Vielleicht ist es deshalb ein besonderes Symbol der Liebe zur mechanischen Uhr.
20 Jahre nach der Vorstellung des ersten
käuflichen Tourbillons in einer Armbanduhr erfreut die Uhrenindustrie den Konsumenten mit einer großen Anzahl an Armbanduhren mit dieser Komplikation.

Mittlerweile gibt es auch Armbanduhren, bei denen sich das komplette
Werk um die eigene Achse dreht
und die somit der Tourbillon-
idee konstruktiv entspre-
chen. So bietet z. B. Vincent
Calabrese eine transparente
Uhr, in deren Mitte sich das
Werk wie von Geisterhand
fixiert dreht. Auch Ulysse
Nardin bietet mit dem Modell
»Freak« eine Uhr, bei der sich
das ganze Werk um sich selbst
dreht. Ist der Spieltrieb einmal ent-
fesselt, kennt er keine Grenzen. So liefert
Jaeger-LeCoultre mit seinem Gyrotourbillon I gar eine Konstruktion, bei der es sich
um ein in drei Achsen rotierendes sphäri-
sches Tourbillon handelt. Hierbei dreht
sich das Tourbillon nicht nur um die eigene Achse, sondern rotiert auch seitwärts.
Obwohl diese filigrane Konstruktion aus
90 Einzelteilen besteht, bringt sie dennoch nur 0,336 Gramm auf die Waage.
Die meisten Tourbillons sind Handaufzugsuhren. Nur einige wenige wie
Blancpain, IWC und Girard-Perregaux mit
seinem Drei-Brücken-Tourbillon bieten
einen automatischen Aufzug.

*IWC bietet ein Tourbillon in der Portu-
gieser Baureihe an. Das Mystère Tourbillon besteht aus 79 Einzelteilen und
scheint vor dem schwarzen Hintergrund
zu schweben. Das Handaufzugswerk hat
eine Gangreserve von sieben Tagen.*

# Die Taucheruhr – Die einzig wirklich robuste Alltagsuhr

Die Taucheruhr ist keine eigenständige Komplikation. Sie ist vielmehr das Ausgangsprodukt eines jahrzehntewährenden Ringens um eine wasserdichte Uhr. Seit Anbeginn der mechanischen Uhren war Wasser ein natürlicher Feind dieses anfänglich aus Eisen gefertigten mechanischen Wunderwerks. Es sollte bis in die 1920er-Jahre dauern, bis eine Gehäusekonstruktion auf dem Markt erschien, die es möglich machte, das Uhrwerk hermetisch gegen äußere Einflüsse abzuschirmen. Ein Wegbereiter dieser Entwicklung war die 1908 als Markenname eingetragene Firma Rolex. Ein Kunstname, der sich aus »horlogerie exquise« ableitete. Der Firmengründer war der Deutsche Hans Wilsdorf aus Kulmbach, der es sich zum Ziel gesetzt hatte, eine ganggenaue Armbanduhr zu präsentieren, die mit den damals noch hauptsächlich im Einsatz befindlichen Taschenuhren konkurrieren konnte.

*Ein Taucherchronograph der Frankfurter Firma Sinn, die bekannt ist für belastbare Gebrauchsuhren. Der einseitig drehbare Minutenring wird zum Einstellen der Tauchzeit verwendet. Krone und Drücker sind vom Handrücken weg angebracht, um so den Tragekomfort und die Funktionssicherheit zu erhöhen.*

Schon 1914 gelang es, für ein Armbanduhrwerk von der Sternwarte Kew in England einen Gangschein der Klasse A zu erhalten. Doch neben der mechanischen Robustheit und guten Gangeigenschaften wollte Wilsdorf vor allem eine Uhr, die absolut wasserdicht sein sollte. Erreicht wurde dieses Ziel durch abgedichtete, gegeneinander verschraubte Gehäuseteile, eine spezielle, verschraubte Kronenkonstruktion sowie ein formschlüssiges Glas. Der Name für das Kunstwerk war auch schnell gefunden: »Oyster«. Noch 1926 wurden die Patentanträge in England und der Schweiz gestellt. Bewilligt wurde die erste Auster 1926 und der erstaunten Öffentlichkeit präsentiert. Aber Wilsdorf war mehr als Uhrentechniker und Fabrikant. Er war auch ein begnadeter Presse- und Marketingfachmann, eine Zunft, die damals noch unter dem Etikett »Propaganda« firmierte. Mit einer Rolex Oyster am Arm durchschwamm die junge englische Stenotypistin Mercedes Gleitze am 27. Oktober 1927 den Ärmelkanal und machte damit für alle Welt deutlich, dass der Durchbruch der wasserdichten Armbanduhr erfolgt war. In einer ganzseitigen Anzeige auf dem Titelblatt der »Daily Mail« wurde der Triumph verkündet. Als weiteren Werbegag verwendete Rolex kleine Aquarien, in denen die

*Taucheruhr mit integriertem Tiefenmesser von Jaeger-LeCoultre, eigentilch ein Gimmick, denn einen großen separaten Tiefenmesser führt der Taucher immer mit sich.*

Konzessionäre den erstaunten Schaufensterguckern die Uhr von einem Goldfisch umschwommen präsentieren konnten. Heute regelt die DIN-Norm den Unterschied zwischen wasserdichter Uhr und Taucheruhr. Nach DIN 8310 ist eine Uhr dann als wasserdicht zu bezeichnen, wenn sie das Eintauchen in Wasser in einem Meter Tiefe 30 Minuten lang übersteht. Bei Taucheruhren nach DIN 8306 gilt unter anderem, dass ein Aufenthalt in der angegebenen maximalen Wassertiefe von zwei Stunden sowie ein Aufenthalt in drei Metern Wassertiefe von drei Stunden klaglos überstanden wird.

Eine der herausragenden Taucheruhren der Nachkriegszeit war wiederum eine Uhr von Rolex. Die Submariner, erstmalig 1955 präsentiert, war anfänglich bis zu einer Tauchtiefe von 100 Metern zugelassen und verfügte über eine beidseitig drehbare Lünette, mit der sich die Dauer der Tauchzeit zu Beginn des Tauchgangs einstellen ließ. Natürlich sollte eine solche Uhr auch über eine verschraubte Krone verfügen. Die Rolex Submariner wurde aus heutiger Sicht zum Schnäppchenpreis von ca. 600 Mark verkauft. 20 Jahre später hatte sich der Preis schon verdoppelt. Der Aufdruck auf dem Zifferblatt versicherte: »Oyster Perpetual Date, Superlative Chronometer, officially certified, 660 ft = 200 m«. Im Inneren tickte ein Automatikwerk Kaliber 3131 mit 21600 Halbschwingungen, eine Rolex eigene Entwicklung, das auch als Basiskaliber für die anderen Oyster Modelle diente. Die Gangreserve beträgt 48 Stunden. Das Oyster Gehäuse, von Hans Wilsdorf, dem

*Der Minutenzeiger ist bei der Taucheruhr entscheidend. Deshalb bietet sich ein Régulateurzifferblatt für eine Taucheruhr geradezu an. Oris hat dies gut umgesetzt.*

Rolex Gründer entwickelt und 1926 patentiert, schuf die Grundlage für die total wasserdichte Armbanduhr. Expeditionen, Extremsportler und Abenteurer machten dieses Modell bekannt, und schon bald mutierte diese Uhrengattung auch zum Protz- und Prestigeobjekt.

*Taucheruhr-Variationen von IWC. Chronograph und integrierter Tiefenmesser sind die Ergänzungen zur normalen Taucheruhr.*

Neben der Zeit zeigt die Uhr auch, durch eine Lupe vergrößert, bei der Drei das Datum. Leider hatte dieses Modell noch keine Datumsschnellschaltung, sodass – wenn die Uhr abgelegt war und eine Neueinstellung des Datums erforderlich wurde – eine endlose Kurbelei begann. Die neuen Modelle, die auch über ein Saphirglas statt des damals üblichen Plexiglases verfügen, haben eine Schnellschaltung für das Datum und ein weiterentwickeltes Werk Kaliber 3133 mit 28 000 Halbschwingungen. Über den nun nur noch einseitig verstellbaren Drehring kann die für den Taucher so wichtige Zeiteinstellung erfolgen. Tritiumleuchtpunkte auf dem Zifferblatt und den ebenfalls mit diesem Material ausgelegten Zeigern ermöglichen es, die Zeit auch bei vollkommener Dunkelheit abzulesen. Getreu dem Werbeversprechen von Rolex »Was Sie aushalten, hält Ihre Uhr auch aus« kann die Submariner zu allen Gelegenheiten getragen werden, was auch einen Saunabesuch mit einschließt.

Während die Sauerstoffkreislaufgeräte, die vor allem von Militärtauchern verwendet wurden, nur geringe Tauchtiefen bis ca. 15 Meter zuließen, änderte sich dies mit der Erfindung der Aqualunge durch Jacques Cousteau. Blancpain präsentierte mit der »Fifty Fathoms« 1953 eine Uhr, die, wie der Name sagt, bis 91,45 Meter dem Wasserdruck standhielt. Schnell erhöhten die Hersteller die mögliche Tauchtiefe auf 200 und sogar 300 Meter. Hierzu muss man allerdings wissen, dass Freitaucher mit Pressluftgeräten risikolos höchstens in Tauchtiefen bis 60 Meter

vorstoßen können. Geht es in größere Tiefen, muss ein Helium-/Sauerstoffgemisch verwendet werden. Die Offshore-Taucher, die unter diesen Bedingungen ihrer Arbeit nachgehen, halten sich nach dem Tauchgang in Druckkabinen auf, die ebenfalls mit diesem Gasgemisch gefüllt sind. Da Helium durch Glas diffundiert, müssen mechanische Uhren, die in solchen extremen Tauchtiefen zum Einsatz kommen, mit einem Heliumauslassventil versehen sein, da ansonsten das Glas abgesprengt wird, wenn der Außendruck nachlässt.

Wie alle anderen mechanischen Uhren sind auch die traditionellen Taucheruhren ein Anachronismus, der längst durch Tauchcomputer abgelöst wurde. Lediglich als Sicherheitsreserve wird heute ein Taucher eine mechanische Armbanduhr mit sich führen. Die traditionelle Taucheruhr ist eine Drei-Zeiger-Uhr mit drehbarer Lünette – heute meist nur gegen den Uhrzeigersinn verdrehbar, was bei den ersten Modellen aber nicht der Fall war. Komplikationen wie eine Chronographenfunktion hatte keine klassische Taucheruhr. Die Hersteller waren froh, die Uhr ohne weitere Komplikationen dicht zu bekommen. Wer eine robuste Alltagsuhr sucht, der auch ein Saunabesuch mit anschließendem Sprung in das Kaltwasserbecken nichts anhaben kann der sollte unbedingt zur Taucheruhr greifen.

# Das Großdatum – Das Datum im Mittelpunkt

Alles, was über die Drei-Zeiger-Uhr hinausgeht, ist eine Komplikation, wobei man zwischen großen (wie beispielsweise dem Ewigen Kalender oder dem Tourbillon) und den kleinen Komplikationen unterscheidet. Das Großdatum ist eine der wenigen kleinen Komplikationen, die, einige Zeit nach der Neubelebung der mechanischen Armbanduhr vor allem durch A. Lange & Söhne, als aktuelle Innovation präsentiert wurde. Gerade Komplikationsuhren sind für Menschen mit nachlassendem Sehvermögen nur noch schwer oder aber mit Brille und Lupe abzulesen. Wer bei einer IWC Novecento oder einem Ewigen Kalender von Blancpain Jahreszahl oder Monat ablesen will, benötigt sehr gute Augen, die man im Alter meist nicht mehr hat. Was lag also näher als die neben der Zeit wichtigste Anzeige – das Datum – so groß zu gestalten, dass sie leicht auch ohne Brille abzulesen ist? Zuerst versuchten die Uhrenhersteller dies durch eine auf das Glas aufgeklebte Lupe – eine funktionale, dennoch wenig ästhetische Lösung. Das Großdatum war eines der wesentlichen Gestaltungselemente der 1990 neu gegründeten Firma A. Lange & Söhne. Schon die 1994 präsentierte Lange 1 erstaunte die Uhrenwelt mit einer fünfmal größeren Datumsanzeige als bislang üblich. Besonders augenscheinlich wird dies bei dem rechteckigen Modell Cabaret, bei dem ein wie bisher verwendeter Datumskranz mit aufgedruckten Ziffern das ganze Uhrwerk umspannen würde. Das Patent von Lange beruht auf einer Zwei-Scheiben-Mechanik. Während die eine ringförmige Scheibe mit den Zahlen von 0 bis 9 bedruckt ist, liegt darüber die kreuzförmig gestaltete Monatsscheibe mit den Ziffern 1 bis 3 und einem leeren Feld. Beide Scheiben werden schrittweise vorwärts geschaltet und zeigen automatisch den 1. bis 31. fortlaufend an. Danach schaltet die Uhr nicht auf 32, sondern es bleibt die 1 stehen, und die Zehnerscheibe wird auf das leere Feld geschaltet. Dies bewirkt ein aufwendiger Mechanismus, der über Programmräder und Rastelemente funktioniert. Sofern es sich nicht um den Ewigen Kalender handelt, muss allerdings bei kürzeren Monatslängen mit der Hand weitergeschaltet werden.

Das Großdatum erfuhr am Markt eine so große Akzeptanz, dass auch andere Hersteller sich bemühten, Uhren mit Großdatumsanzeige anzubieten, immer auch

*Großdatum im Partnerlook. Der Schnellschwinger von Zenith mit 36 000 A/h ist noch immer eines der schönsten Chronographenwerke.*

*Auch das neue Tourbillon von A. Lange & Söhne verfügt über die Großdatumsanzeige.*

auf der Suche nach technisch neuen Lösungen, mit denen sich das Lange Patent umgehen ließ. Schon ein Jahr nach der Vorstellung des Lange Großdatums präsentierte der Wettbewerber am Ort, Glashütte Original, ebenfalls eine Großdatumsanzeige. Dabei ging man eigene Wege, die augenscheinlich ihren Ausdruck darin finden, dass die Datumsscheiben auf einer Ebene liegen und so der Steg zwischen den beiden Ziffern obsolet ist. Die gestalterische Vorlage für das Langesche Großdatum war jene von Hofuhrmacher und Schlossstürmer Johann Christian Friedrich Gutkaes konstruierte 5-Minuten-Uhr der Dresdner Semperoper, und diese weist ebenfalls einen Steg auf. Zudem führte die von Glashütte Original gewählte Lösung, durch einen innen liegenden Kranz für die Zehneranzeige und einen außen liegenden für die Eineranzeige, nur zu einer etwa 3,5-mal größeren Anzeige des Datums.

Auch Dubois Dépraz, ein Schweizer Spezialunternehmen für Kadraturen, entwickelte ein Modul für das ETA 2892-A2, das von verschiedenen Herstellern in den unterschiedlichsten Formen mit weiteren Komplikationen, etwa einer Chronographenanzeige, angeboten wird. Dabei kommen zwei übereinander liegende Datumsscheiben zum Einsatz. Die Zehnerscheibe weist Fenster auf, die die Durchsicht auf die Einerscheibe ermöglichen. Eine weitere Lösung bietet die Grande Date des Herstellers Comor. Bei dieser mit einem Venus Kaliber 221 ausgerüsteten Uhr liegen sich die Einer- und die doppelt bedruckte Zehnerscheibe gegenüber. Auch der von Ludwig Öchslin konstruierte Ewige Kalender Ludwig von Ulysse Nardin verfügt über eine zweistellige Großdatumsanzeige und ist damit neben dem Ewigen Kalender von A. Lange & Söhne und Glashütte Original Kaliber 39 der einzig Ewige, der diese beiden Komplikationen vereint.

Die Ursprünge des Großdatums liegen in Sachsen, und wer sich für diese besondere Datumsanzeige interessiert, dem sei empfohlen, ganz nach Geschmack und Geldbeutel, auch ein Modell aus sächsischer Produktion zu wählen.

*Bei keiner anderen Uhr ist die Großdatumsanzeige so verblüffend wie bei der Cabaret. Jeder fragt sich unwillkürlich, wie das bewerkstelligt wird, denn ein Zahlenkranz von 1 bis 31 würde Umfang und Durchmesser der Uhr überragen.*

# Die Grande Complication – Nicht weniger als das technisch Machbare

Preise von Uhren können schwindelerregende Höhen erreichen. Eine Uhr im Wert eines Einfamilienhauses ist für die meisten Zeitgenossen irritierend, ja für manchen sogar moralisch verwerflich. Ist es für den Einzelnen legitim, sich mit solchen Pretiosen zu schmücken? In der Grande Complication lebt eine solche Tradition fort, nämlich die, dass Uhren exorbitant teuer waren. In den Herrschaftsarchiven finden sich Rechnungen und Schreiben von Uhrmachern, die belegen, dass eine Uhr um das Jahr 1500 mehr als 500 rheinische Gulden kostete. Zum Vergleich: Albrecht Dürer erwarb für sich und seine Frau in Nürnberg zu dieser Zeit ein fünfstöckiges Haus zum Preis von 275 rheinischen Gulden. Selbst für eine einfache Uhr erhielt Peter Henlein, Zeitgenosse Dürers, von der Stadt Nürnberg noch 57 Gulden. Auch heute bewegt sich der Preis für eine Große Komplikation zwischen 150 000 und bis zu 900 000 Euro. In der Grande Complication als Taschenuhr sind alle wesentlichen Komplikationen vereint. Ursprünglich waren dies Ewiger Kalender, Minutenrepetition, Chronograph Rattrapante und Mondphase. Als Omega 1900 mit der industriellen Fertigung der Armbanduhr begann, war dies eine Entwicklung, der per se viele Uhrmacher mehr als skeptisch gegenüberstanden. Keiner hätte es jedoch für möglich gehalten, eine Grande Complication derartig zu miniaturisieren, dass sie auch am Handgelenk Platz findet. Erst in den 1920er-Jahren waren Kalenderuhren aufgetaucht. Es dauerte weitere 20 Jahre, bis Ewige Kalender als serienreife Armbanduhren präsentiert wurden. Zusammenfassungen der großen Komplikationen zur Grande Complication finden sich erst in den 1950er-Jahren bei Patek Philippe. So verging mehr als ein halbes Jahrhundert, bis diese Uhrenbauart ihren Weg an den Arm der Armbanduhrenliebhaber fand. Die Referenz 1518, ein Ewiger Kalender mit Chronograph der Genfer Firma Patek Philippe, darf getrost als Vorläufer der Grande Complication fürs Handgelenk gesehen werden.

Natürlich gab und gibt es immer Menschen, die das Besondere wollen. So auch der Besitzer einer Uhr mit einem alten Piguet Repetitionswerk, der dieses von Paul Gerber und Frank Muller zu einer

*Ewiger Kalender und Minutenrepetition zeichnen die Malte von Vacheron Constantin aus. Das Handaufzugswerk mit einer Höhe von nur 4,9 mm arbeitet mit moderaten 18 000 A/h*

*Schlagwerk und Chronograph sind zwei Komplikationen, die bei einer Grande Complication gerne Verwendung finden und daher die Bauhöhe nach oben treiben. Zu sehen bei dieser Zenith Grande Class Traveller, die auch noch über zwei Zeitzonenanzeigen verfügt.*

der kompliziertesten Armbanduhren überhaupt umbauen ließ. Die aus 1037 Werkteilen bestehende Uhr verfügt neben einem Tourbillon, einem Ewigen Kalender mit Mondphase und einer 24-Stunden-Anzeige über Minutenrepetition, Sonnerie, Flybackchronograph mit Schleppzeiger, eine Gangreserveanzeige für Werk und Schlagwerk sowie ein Thermometer für die Raumtemperatur.

Auch Patek Philippe hat mit dem Sky Moon Tourbillon 2001 eine konstruktive Meisterleistung in Sachen Grande Complication auf die Beine gestellt. Tourbillon, Ewiger Kalender, Mondphase über Zeiger und Minutenrepetition werden ergänzt durch die Darstellung des Sternenhimmels und der Sternenbewegung. Dazu kommt die Anzeige der Sternenzeit sowie der Winkelbewegung und der Phasen des Mondes. Insgesamt 686 Werkteile sind bei diesem Wunderwerk verbaut.

Auch Blancpain und IWC haben mit der 1735 und der Il Destriero Scafusia zwei Große Komplikationen im Angebot – mit annähernd 750 Einzelteilen. Auch bei diesen beiden Uhren sind es Tourbillon, Schleppzeigerchronograph, Ewiger Kalender mit Mondphasenanzeige und Minutenrepetition. Während die IWC ein Handauszugswerk hat, erledigt die Blancpain das Aufziehen automatisch.

Selbst wer ein Metallband und eine insgesamt sportlichere Uhr bevorzugt, muss nicht auf eine Grande Complication verzichten. Audemars Piguet bietet in seiner Serie Royal Oak eine sportliche Platinuhr an, die ebenfalls über die oben genannten Komplikationen verfügt. Freilich, vom Preis dieser Uhr ließe sich auch ein Einfamilienhaus erwerben. Dementsprechend werden solche Uhren auch nur in homöopathischen Dosen gefertigt oder sind gar Einzelanfertigungen.

Wer kauft solche Uhren? Nicht selten ganz unauffällige Menschen wie jener Pariser Verleger, der jeden Morgen mit der Metro in seinen Verlag fährt und dabei seine Blancpain 1735 für 650 000 Euro am Arm trägt.

*Bei der Jaeger-LeCoultre Reverso Grande Complication à Triptyque handelt es sich um eine Komplikationsuhr, die sich das Wendegehäuse geschickt zunutze macht. Der Ewige Kalender und die Mondphase sind in der Gehäusebasis untergebracht.*

# Die Repetition – Zarte Klänge von der Uhr

Neben dem Chronographen ist die Repetitionsuhr, die die Zeit auf Verlangen durch zarten Glockenschlag kundtut, die einzige Komplikation, die es dem Besitzer gestattet, aktiv in das Uhrwerk einzugreifen. Da ein Repetitionsschlagwerk eine außerordentlich aufwendige Zusatzfunktion ist und die Uhren entsprechend teuer sind, handelt es sich um eine nur äußerst selten anzutreffende Komplikation, die nicht oft in Reinform gebaut wird, sondern in den meisten Fällen als das Sahnehäubchen bei einer Grande Complication Verwendung findet.

Auch bei dieser Komplikation ruht der Ursprung im Dunkel der Vergangenheit, in einer Zeit, da es noch kein elektrisches Licht und kein Leuchtzifferblatt gab. Lag der Patron entweder im eigenen oder auf der Reise im Hotelbett und wollte in der Nacht die Zeit erfahren, drückte er den Schieber seiner Repetitionstaschenuhr. In die Stille der Nacht tönten dann feine, an das Grillenzirpen erinnernde Töne, die ihm die genaue Uhrzeit vermeldeten. Je nach Geldbeutel wurde dabei die Uhrzeit mehr oder weniger genau geschlagen. Im

finanziell günstigsten Fall als Viertelstunden-, Achtelstunden- oder Fünfminutenrepetition oder aber, entsprechende Liquidität des Besitzers vorausgesetzt, als Minutenrepetition. Diese schlug dann aber auch die Zeit ganz exakt mit Stunden, Viertelstunden und den vergangenen Minuten auf zwei Tonfedern, die entweder allein oder im Duett erklangen. Die Stunden mit dunklem Ton, die Viertelstunden im Tonduett und die Minuten mit hellem Ton. Die Kraft dazu wurde durch einen zu bedienenden Drücker oder Schieber erzeugt. Wurde der nicht energisch genug betätigt, schlug die Uhr die falsche Zeit. Nur bei den besseren Konstruktionen verhinderte eine »Alles-oder-Nichts-Sicherung« bei Fehlbedienung eine falsche Auskunft. Die Uhr blieb dann einfach still. Diese Uhren gab es mit Viertelstundenrepetition schon im 17. Jahrhundert; solche mit der komplexeren Kadratur einer Minutenrepetition tauchen im 18. Jahrhundert erstmalig auf.

Lange Zeit war die Repetition eine vergessene Komplikation, die durch das elektrische Licht und die Leuchtzifferblätter obsolet geworden war. Die Uhrenfirmen zeigten solche Modelle, wenn überhaupt, nur als einzelne Schaustücke, wie beispielsweise Piaget. Diese Firma präsentierte 1955, auf der Basis einer Werkkons-

*Von Chronoswiss – schlägt nur die ganzen und die Viertelstunden. Über den Drücker bei der Zehn wird der Mechanismus in Gang gesetzt.*

truktion aus dem Jahre 1910, eine Minutenrepetition mit Grande Sonnerie als Einzelstück. Erst die Renaissance der mechanischen Armbanduhr brachte auch diese vergessene Komplikation ans Handgelenk betuchter Zeitgenossen. Blancpain war der erste Hersteller, der diese Komplikation als Solitär Mitte der 80er-Jahre des vergangenen Jahrhunderts als Armbanduhr anbot. Als Antrieb hatte das Tourbillon ein 9-liniges Brückenwerk mit einem Durchmesser von 23,5 mm und einer Höhe von nur 6 mm.

Die 351 Werkteile waren also auf engstem Raum zusammengefasst. Hier waren die Probleme um ein Vielfaches größer als bei einer Taschenuhr. Der notwendige Resonanzkörper war ja wesentlich kleiner. Man wollte auch keinen schrillen, sondern eher einen Wohlklang. Der ist nur mit entsprechend feinen und tiefen Tönen zu erzeugen.

Natürlich lässt sich dieses Schlagwerk noch ausbauen zu einer Sonnerie oder aber auch zu einem Carillon. Letzteres heißt übersetzt nichts anderes als Glockenspiel und wird immer dann verwendet, wenn ein Läutwerk eine Melodie spielen kann. Die Sonnerie unterteilt sich in eine »Petite Sonnerie«, die jeweils beim Erreichen der vollen Stunde schlägt und die »Grande Sonnerie«, die auch noch die Viertelstunden erklingen lässt. Allerdings

*Sehr gut sind die Tonfedern und Hämmer zu sehen, die für den Wohlklang, den eine Minutenrepetition zu erzeugen vermag, sorgen.*

*Auf den ersten Blick eine schlichte Drei-Zeiger-Uhr. Doch im 43 mm großen Gehäuse der Portugieser von IWC verbirgt sich eine Minutenrepetition, die Stunden, Viertelstunden und Minuten schlägt.*

nur jeweils in einer Tonlage. Will man den ganzen Wohlklang erleben, muss der Schieber betätigt werden.

Eine Minutenrepetition mit Grande Sonnerie ist eine Uhr, die einem Laien, aber auch den wenigsten Kennern auf Anhieb auffallen dürfte. Sie wirkt bescheiden wie eine normale Drei-Zeiger-Uhr, und nur der Schieber an der Seite verrät dem Con-naisseur, um welche uhrmacherische Kostbarkeit es sich handelt.

Die Repetition ist eine Komplikation der Stille. Wer einmal auf einer Abendgesellschaft mitten in der allgemeinen Unterhaltung versucht, seine Minutenrepetition erklingen zu lassen, wird schnell feststellen, dass im Stimmengemurmel nichts zu hören ist.

# Der Ewige Kalender – Ein Kalender, den man nicht stellen muss

Im Gegensatz zu vergangenen Zeiten ist der Ewige Kalender heute in vielerlei Gestalt präsent, ohne dass wir dies bewusst registrieren. Jedes Handy, jeder Computer, ja selbst der simple Organizer versorgt uns mit den notwendigen Kalenderdaten. Im 18. bis zur Mitte des 20. Jahrhunderts war dies keineswegs eine so leicht abfragbare Information und der, der über einen Ewigen Kalender in seiner Taschenuhr verfügte, hatte ein mechanisches Präzisionsinstrument zur Hand, das ihm nicht nur die unterschiedlichen Monatslängen immer exakt verriet, sondern auch die Abfolge der Schaltjahre anzeigte. Schon 1764 hatte der englische Meisteruhrmacher Thomas Mudge eine Taschenuhr mit Ewigem Kalender präsentiert, und im 19. Jahrhundert boten alle renommierten Hersteller diese Komplikation der verwöhnten Kundschaft an. Jedoch erst im Jahre 1936 zeigte Patek Philippe einen Ewigen Kalender mit retrograder Anzeige auch als Armbanduhr.

*Der Manero Perpetual Calender von Carl F. Bucherer weist als Besonderheit eine skalierte Mondphase auf und ist als Chronometer zertifiziert.*

Die Renaissance der mechanischen Armbanduhr, die nicht zuletzt ihren Ursprung in der Anziehungskraft der Kalenderuhr mit Mondphase hatte, führte auch zu einem Comeback des Ewigen Kalenders mit Mondphasenanzeige. Vom Format einer Taschenuhr auf das einer Armbanduhr reduziert, wie dies viele Hersteller gemacht haben und immer noch machen, sind die unterschiedlichen Indikationen, die ein Ewiger Kalender zwangsläufig besitzt, allerdings nur noch schwer auszumachen. In Zeiten, da das Großdatum im Uhrendesign Furore macht – was liegt da näher, als eine konsequente Neuordnung der Anzeigen vorzunehmen. Neben den Schweizern, mit Ulysse Nardin, haben dies auch die Sachsen getan und statt Zeigern konsequent auf Fensteranzeigen gesetzt. So beim Ewigen Kalender der Modellreihe Senator Klassik von Glashütte Original. Hier werden, wesentlich übersichtlicher als dies durch Zeiger möglich ist, Wochentag, Monat, Datum, Mondphasenanzeige und Schaltjahresindikation über Fenster angezeigt. Während die Anzeige von Monat und Datum bei der Zehn und der Zwei noch an die Valjoux Kaliber 72C, 88 oder das Zenith Kaliber 410 erinnern, ergibt sich durch die schräg gestellte

*Von IWC gibt es im Portugieser Gehäuse einen Ewigen Kalender mit einer Mondphasenanzeige, die sowohl die südliche als auch die nördliche Hemisphäre anzeigt. Zudem verfügt die Uhr über eine Count-down-Anzeige, bei der sich die verbleibende Zeit zum nächsten Vollmond exakt ablesen lässt.*

Mondphase auf der Acht und dem Großdatum bei der Vier eine unverwechselbare Zifferblattoptik, die in dieser Form bei keiner anderen Uhr zu finden ist. Die Zeit wird dabei wie bei jeder normalen Drei-Zeiger-Uhr angezeigt.

Die Kadratur eines Ewigen Kalenders ist eine komplexe Zusatzmechanik, die meist auf einem Uhrwerk montiert wird. Dabei erfolgt die mechanische Umset-

zung des Gregorianischen Kalenders, ohne allerdings den alle 400 Jahre notwendigen Ausfall von drei Schalttagen zu berücksichtigen. Dies ist immer dann der Fall, wenn sich das Jahr durch 400 teilen lässt: Also gibt es in den Jahren 2100, 2200 und 2300 keinen Schalttag, und der Uhrmacher muss dann den Kalender von Hand korrigieren. So gesehen ist er eigentlich kein »echter« Ewiger. Die Handkorrektur durch den Uhrmacher ist auch nur bei den Ewigen Kalen-

*Ewiger Kalender im Edelstahlgehäuse in Tonneau-Form als Hommage an den IWC Konstrukteur Klaus Kurt. Besonderheiten dieser Uhr sind die vierstellige Jahresanzeige und die Schnellschaltung des Kalendariums über die Krone.*

dern notwendig, bei denen alle Funktionen über die Krone gesteuert werden und nicht durch im Gehäuse eingelassene Korrekturdrücker. Beide Lösungen haben ihre Vor- und Nachteile. Steuert man die Funktionen über die Krone, so braucht man nur das Datum richtig einzustellen und auch die Mondphase stimmt. Verspringt allerdings einmal eine Anzeige, kann nur der Uhrmacher helfen, wogegen sich bei einer Uhr mit Korrekturdrücker der Besitzer selbst helfen kann. Die Informationen über die richtige Monatslänge liefert ein Monatsnocken, der über entsprechende Ausfräsungen verfügt.

Die meisten Ewigen Kalender zeigen den Vierjahreswechsel zwischen Jahr und Schaltjahr durch einen Zeiger an, der erstes, zweites und drittes Jahr mit daran anschließendem Schaltjahr überstreicht. Es gibt allerdings wie bei IWC auch Jahresanzeigen, die entweder die beiden letzten Ziffern oder aber die gesamte vierstellige Jahreszahl anzeigen. Man weiß dann zwar nicht mehr, ob man sich in einem Schaltjahr befindet, das macht aber auch nichts, denn das erledigt der Kalender ja automatisch. Wird die ganze Jahreszahl angezeigt,

*Einen sehr flach gebauten Ewigen Kalender mit Chronograph bietet Vacheron Constantin mit dieser Handaufzugsuhr an.*

benötigt man einen Jahrhundertschieber, der in der unglaublichen Untersetzung zur Unruh von ca. 6,3 Milliarden zu Eins operiert.

Heute sind die Uhren mit Ewigem Kalender in den meisten Fällen solche, die ebenfalls über einen automatischen Aufzug verfügen. Die erste Uhr mit Ewigem Kalender und automatischem Aufzug wurde, wiederum von Patek Philippe, 1962 lanciert. Fast alle Ewigen Kalender lassen sich nur in eine Richtung verstellen und zwar in Richtung Zukunft. Hat man zu weit geschaltet, bleibt nur die Möglichkeit, die Uhr bis zum Eintreffen des Datums liegen zu lassen oder sie zum Hersteller zu schicken. Einzig der Ewige Kalender »Ludwig« von Ulysse Nardin kann beliebig vor- und zurückgeschaltet werden. Diese erstaunliche Uhr, bei der die Kalenderkadratur vollständig neu konzipiert wurde, gibt es auch mit der GMT-Zeit als Zusatzfunktion.

*Ewiger Kalender als Schnellschwinger mit 36 000 A/h und Tourbillon. Klar, dass beim Zenith El Primero der Chronograph als Zugabe dabei ist. So lassen sich auch die Zehntelsekunden messen.*

# Die Rétrograde-Anzeige – Der Spieltrieb, der überrascht

Im Rahmen einer zunehmenden Mechanikbegeisterung begann auch die Suche nach neuen technischen Spielereien. Dazu gehört auch die Rétrograde-Anzeige, die eigentlich nicht mehr und weniger bedeutet als »rückläufig«. Der Schweizer Gérald Genta war einer der Ersten, der in den 1990er-Jahren diese Komplikation, damals noch als Alleinstellungsmerkmal, präsentierte. Doch wie so Vieles in der Uhrmacherei ist auch diese Komplikation seit Langem bekannt. Schon im 17. Jahrhundert gab es Taschenuhren mit dieser Anzeigeform. Der bekannte Meisteruhrmacher Breguet fertigte für die französische Königin Marie Antoinette eine Uhr mit ewigem Kalendarium, bei der das Datum retrograd angezeigt wurde. Auch die Konstruktion eines Jaquemart, also einer sich bewegenden Figur, die durch ihre Bewegung die Zeit anzeigt, wäre ohne die Technik der retrograden Anzeige nicht möglich. Bei der »Druids«, einer Armbanduhr, die einen Druiden auf dem Zifferblatt zeigt, deuten die ausgestreckten Arme jeweils auf die Stunden und Minu-

*Drei verschiedene Anzeigenformen bietet die Delphis von Chronoswiss. Die Stunden werden digital, die Sekunden analog und die Minuten retrograd angezeigt.*

ten und springen nach Ablauf der Zeit erneut in die Ausgangsposition. Vielfach führte auch die Teilung oder Viertelung des Kreises bei der Gehäusekonstruktion aus Gestaltungsgründen dazu, die retrograde Anzeige einzusetzen. Im frühen 20. Jahrhundert präsentierte Records Watch Co. die »Sector Watch«, die Stunden und Minuten auf einem 110°-Bogen anzeigte. Es werden unterschiedliche Systeme verwendet, um das Zurückspringen der Zeiger technisch möglich zu machen. So wird oft eine Kurvenscheibe eingesetzt, die in Verbindung mit einer Rückholfeder den Zeiger in die Ausgangsposition bringt. Denkbar aber ist auch ein Exzenter, der über einen Abtaster mit einem Rechner verbunden ist, der wiederum durch eine Stahlfeder mit einem zweiten Rechner verbunden ist. Maurice Lacroix verwendet Zahnräder mit fehlenden Zähnen, die, nach dem Ablaufen, das angetriebene Rad und damit den Zeiger der Kraft der Spiralfeder überlassen, worauf dieser in die Ausgangsstellung zurückspringt.

Doch die meisten Kunden wird es mehr interessieren, was oberhalb des Zifferblattes geschieht. Da gibt es eine Menge an Möglichkeiten. Von sich bewegenden Figuren war schon die Rede. Das kann, wie Gérald Genta uns gezeigt hat, auch

*Die Breguet Classique bietet, neben dem handguillochierten Zifferblatt, eine retrograde Sekundenanzeige. Die schnellste Form, sich an dieser Komplikation zu erfreuen.*

eine Mickymaus sein, die den Golfschläger schwingt. Angezeigt werden retrograd neben Datum, Stunden und Minuten auch Sekunden, eine Komplikation, die wirklich Leben auf das Zifferblatt bringt. Bei manchen Herstellern wird nur eine Anzeige retrograd betätigt, andere wie Pierre Kunz setzen bei allen drei Zeitanzeigen auf die retrograde Technik. Auch lässt sich diese Anzeigeform gut mit anderen Komplikationen verbinden. So präsentiert Jaeger-LeCoultre mit der Reverso Gran Sport Chronograph einen Stopper, bei dem der Minutentotalisator retrograd angezeigt wird. Beliebt ist auch die Verbindung mit der springenden Stunde wie bei der Chronoswiss »Delphis«. Bei dieser Uhr werden die Minuten retrograd auf einer 180°-Skala angezeigt, während die Stunde springend offeriert wird. Nur der

*Bei der Vacheron Constantin Bi-Retro Day-Date werden Tag und Datum retrograd angezeigt. Wie viele Uhren aus diesem Haus, ist auch dieses Modell mit der Genfer Punze versehen.*

Sekundenzeiger zieht in gewohnter Manier seine Bahn. Maurice Lacroix kombiniert bei seiner Masterpiece Double Rétrograde eine 24-Stunden-Anzeige mit der retrograden Anzeige des Datums, wobei auch die zweite Zeitzone retrograd angezeigt wird, und einer Gangreserveanzeige. Auch als Tourbillon sind bei Herstellern wie Glashütte Original oder Patek Philippe Uhren mit retrograder Anzeige zu erhalten. Als Alleinstellungsmerkmal präsentieren aktuell sowohl Pierre Kunz als auch teilweise Roger Dubuis die retrograde Anzeige, die für die meisten Uhrenkäufer immer noch ein Überraschungs-

*Die Kalenderuhr von Bucherer verfügt neben der retrograden Datumsanzeige über eine zweite Zeitzone und eine Gangreserveanzeige.*

*Bei den Chronographenvariationen des El Primero von Zenith findet sich auch ein Modell mit retrograder Datumsanzeige.*

moment aufweist, da man diese Komplikation im Al tag so gut wie nie zu Gesicht bekommt. Patek Philippe wertet seine beiden »Grandes Complications« ebenfalls mit einem retrograden Zeigerdatum auf. Vacheron Constantin liefert die »Mercator« mit einem Zifferblatt nach Kartenmotiven des Kartografen Gerhard Mercator. Bei dieser Uhr sind Zifferblätter wahlweise mit Ansichten von Amerika, Europa und Asien lieferbar. Die Zeitanzeige besorgt in retrograder Manier ein goldener Stechzirkel. Wer ein Talking Piece sucht und seine Umwelt verblüffen möchte, ist mit der Anzeige in retrograder Manier bestens bedient.

# Antiquitäten für das Handgelenk

## Vom Tragen und Sammeln historischer Armbanduhren

Die mechanische Uhr ist ein Anachronismus, wenn auch ein liebenswerter. Warum dann nicht konsequent auf den Kauf einer neuen mechanischen Uhr verzichten und das Geld in den Kauf einer antiken Uhr investieren? Von der Funktionalität braucht diese den Vergleich mit dem neuen Pendant nicht zu scheuen. Viele der alten Modelle sind voll alltagstauglich bis hin zur Wasserdichtigkeit; letztere lässt sich beispielsweise bei den historischen Rolex Tool Watches mühelos wiederherstellen.

Viele, die eine alte Uhr erwerben, belassen es nicht bei dem einen Stück. Vielmehr beginnt, von der neuen Leidenschaft infiziert, die Jagd auf Auktionen und Sammlerbörsen nach jenem Artefakt, das dringend in die eigene Sammlung muss. Bei der Auswahl einer historischen oder aber gebrauchten Uhr gilt es jedoch, einige Aspekte zu beachten, um unliebsamen Überraschungen nach dem Kauf vorzubeugen. Man solle sich stets fragen, ob die Uhr zur eigenen Sammlung passt und ob sie darüber hinaus tatsächlich gefällt. Dabei steht am Anfang immer die Frage: Was soll man eigentlich sammeln? Ganz falsch wäre es, einfach nach Gusto Uhren zu kaufen, die »nur« gefallen. Das mag für den Moment befriedigend sein, führt aber auf die Dauer eher zu Frustrationen.

Die vorangegangenen Kapitel des Buches sind auch im Hinblick auf historische Uhren und die Anlage einer Sammlung hilfreich. Komplikationen oder Marken könnten dabei die Richtschnur sein. Auch hierbei sind weitere Differenzierungen möglich. Bei Chronographen beispielsweise kann der Sammler sich auf Handaufzugswerke beschränken oder vice versa nur Automatikchronographen-Kaliber

*Flieger-Schleppzeigerchronograph von Patek Philippe Referenz 2512 aus dem Jahre 1950. Der dritte Drücker wird über die Krone betätigt. Ein 30-Minuten-Totalisator befindet sich auf der Drei.*

*Ganz frühe Armbanduhrenmodelle lassen noch die Herkunft von der Taschenuhr erahnen. An zusätzlich angebrachten Bügeln wurde einfach ein Lederband montiert.*

sammeln. Auch Chronometer sind ein beliebtes Sammlungsgebiet und garantieren eine große Markenvielfalt, und wie bei den Chronographen lässt sich eine solche Kollektion auch für mittlere Einkommen realisieren. Wer Ewige Kalender sammelt, benötigt da schon eine erheblich dickere Kapitaldecke und beackert hinsichtlich der Marken ein durchaus überschaubares Feld.

Auch wer Marken zu seinem Wunschobjekt macht, kann mit Distinktion aus-

wählen. Von Rolex nur die Sportmodelle oder die Chronographen, von Patek Philippe nur Komplikationen – alles ist denkbar. Es gibt sogar Sammler, die nach Metallen oder deren Farben sammeln: also Stahl, Weißgold, Platin oder nur Gelb- oder Rotgolduhren. Die mit Herzblut und Enthusiasmus aufgebaute Sammlung kann am Ende dennoch wertmäßig enttäuschen. Dann gibt es zwar vielleicht die eine oder andere Uhr, die Begehrlichkeiten weckt, aber letztlich will niemand das gesamte Konvolut.

Oft kommt einem beim Verkauf auch der Zeitgeschmack entgegen. Heute trägt man Uhren mit mindestens 40 mm Durchmesser, was zur Folge hat, dass ein noch so schöner Herren-Chronograph mit 33 mm schwer verkäuflich ist. Aber ein Zenith Garelli Handaufzugschronograph aus den 1970er-Jahren mit 44 mm Durchmesser wird auf Auktionen zur gesuchten Uhr. Oder eine neuwertige, schwere Glashütter Jagdflieger-Navigationsarmbanduhr der deutschen Luftwaffe von 1941 – montiert von Fischer & Trabandt in Pforzheim – in der Originalschatulle mit einem Durchmesser von 55 mm erfährt durch die schiere Größe ein Marktinteresse. Auch der Uhreninteressent, der nur eine attraktive Uhr wünscht und nicht zur Gilde der Militäruhrensammler gehört, wird sich für dieses Stück begeistern.

Früher hatten Uhrmacher den Ehrgeiz, ein Uhrwerk möglichst auf kleinstem Raum entstehen zu lassen. So waren dann

Gehäusegröβen von 33 bis 36 mm für Herrenuhren durchaus üblich und sogar ein Qualitätsbeweis. Hüten sollte man sich in diesem Zusammenhang vor groβen Armbanduhren, die erst nachträglich mit Taschenuhrwerken entstanden sind. Kein Hersteller wird sich um solche Eigenbauten kümmern und auch eine reine Werkrevision ablehnen.

Was die Marken anlangt, so sind es die klassischen wie Audemars Piguet, Bre-

*Auch rechteckige Uhren haben bei IWC Tradition. In den 1930er-Jahren war es das Kaliber 87, den Schlusspunkt bildete die Novecento von 1987 mit Ewigem Kalender.*

guet, Cartier, Jules Jurgensen, A. Lange & Söhre, Patek Philippe, Rolex und Vacheron Constantin, die relativ unabhängig vor allen Konjunkturen Wert und Anziehungskraft bewahren.

Ist man gewohnt, seine Sammlungsstücke

auch zu tragen, muss die Uhr am Arm gefallen. Nun könnte man bei positiver Schwingung zuschlagen, doch jetzt gilt es, die Ratio einzusetzen, um am Ende nicht doch enttäuscht zu sein. Zunächst sollte man die Herkunft der Uhr kennen. Wo und vor allem von wem wurde verkauft? Lässt sich gar der Erstbesitzer eruieren? Wie ist das Alter der Uhr bzw. ihr Baujahr? Sind alle Teile original? Sogenannte Mariagen, bei denen Teile eines Herstellers kombiniert wurden, sind zwar nicht wertlos wie eine simple Fälschung, sie erreichen aber dennoch nicht den Wert eines originalen Sammlerstücks. Originalität ist am besten dann garantiert, wenn die entsprechenden Accessoires (wie Papiere, Box und andere Teile; bei Rolex kann dies beispielsweise ein Taschentuch oder ein kleiner Kalender sein) vorhanden sind.

Sind die Uhren generalüberholt, so ist es von nicht unerheblicher Bedeutung, wo diese Überarbeitung stattgefunden hat. Bei den meisten Herstellern werden die Uhren bei einer Generalüberholung in einen neuwertigen Zustand versetzt. Es versteht sich von selbst, dass nur Originalersatzteile aus der entsprechenden Zeit-

*Die Komplikationsmischung für Weltreisende gab es auch 1940 schon. Diese Patek Philippe Referenz 1415-1 verfügt neben der Weltzeitanzeige über einen Chronographen mit Tachymeter- und Pulsometerskala.*

epoche Verwendung finden sollten. Hilfreich für den Käufer ist es, wenn der Verkäufer etwaige Dokumente über Reparaturen präsentieren kann.

Bei klassischen Uhren steht eine Marke unangefochten an der Spitze. 50 Prozent der Umsätze bei den weltweiten Auktionen werden mit Uhren von Patek Philippe erzielt. Eine Referenz 2526J HL, eine normale Drei-Zeiger-Uhr mit Emailzifferblatt, die zwischen 1953 und 1960 gebaut wurde, erzielt heute einen Preis von etwa 23 000 Euro. 1978 war diese Uhr noch für 1800 Mark erhältlich. Auch relativ neue Modelle erzielen Wertzuwächse. Eine Referenz 3970E mit dem Kaliber CH27-70Q · 36, eine Platin-Herrenarmbanduhr mit Chronograph, 24-Stunden-Anzeige, Ewigem Kalender, Schaltjahresanzeige und Mondphase aus dem Jahre 1998 kostet 2008 über 120 000 Euro. Wichtig ist allerdings der Zustand der Uhr und das Zubehör. In diesem Fall ist es die originale Mahagonischatulle, der zum Glasboden zusätzlich im Lieferumfang enthaltene Platinschraubboden, der Stellstift und ein Patek Philippe Stammbuchauszug, der die Echtheit der Uhr dokumentiert.

Stefan Muser, Eigentümer des Auktionshauses Dr. Crott, eine der ersten Adressen für Klassiker, bemerkt zu dieser Uhr: »... die Ref. 3970 hat inzwischen den Ruf eines echten Klassikers erlangt und liegt in der Gunst der Sammler kaum hinter den berühmten Referenzen 1518, 2499

*Wenn, wie bei dieser Rolex Submariner, das Originalkästchen plus alle Papiere und das Chronometerzertifikat vorhanden sind, kann man getrost zuschlagen.*

und 2499/100. Eine dieser drei Referenzen seiner Sammlung hinzufügen zu können, dürfte heute nur noch einem gleichermaßen wohlhabenden wie geduldigen Sammler gelingen. So ist es nicht verwunderlich, dass die Referenz 3970 mehr und mehr an Bedeutung gewinnt.« Deutlich mehr muss man für einen der seltenen Chronographen anlegen. Eine Viertelmillion gilt es aufzubringen, um einen Chronographen in 18 Kt Roségold mit einem zweiteiligen Schraubboden und einer Patek Philippe Roségoldstiftschlie-

ße der Referenz 1463 mit dem Kaliber 13''' mit einem Gehäusedurchmesser von 35 mm aus dem Jahre 1953 zu erwerben. In einer ähnlichen Preiskategorie bewegt sich die Referenz 1436, ein mit 33 mm Durchmesser zierlicher Schleppzeigerchronograph aus dem Jahre 1939. Patek Philippe baute diese speziellen Armbandchronographen seit 1923.

Noch teurer wird es, wenn eine so seltene Rarität wie die Referenz 1518, von der nur zwei Exemplare mit Stahlgehäuse bekannt sind, zum Verkauf steht. Bei diesem Modell ist die Stahlversion deutlich teurer als die Edelmetallvarianten. Dieser Chronograph im Stahlgehäuse mit Ewigem Kalender und Mondphase wäre ob seiner Exotik die Krönung einer jeden Patek Philippe Sammlung. Natürlich befinden wir uns im Moment im absoluten High-End-Bereich, der vielfach nur via Lektüre zu goutieren ist.

Dennoch kann auch der Normalverdiener dem Hobby des Armbanduhrensammelns durchaus frönen. So befinden sich die meisten der Rolex Tool Watches noch in erreichbaren Regionen, wenn es nicht gerade ein Chronograph mit Kalender und/oder Mondphasenanzeige sein

*Für eine Patek Philippe Referenz 1518 aus dem Jahre 1942 mit Stahlgehäuse, von der heute noch zwei Uhren existieren, zahlen fanatische Sammler Höchstpreise. Der Ewige Kalender mit Chronograph ist in Gold deutlich preiswerter zu haben.*

*Audemars Piguet mit dem flachsten Auto-matikkaliber mit Zentralrotor. Das Kaliber 2120 mit dem Ewigen Kalendermodul 2800 OP ist allein durch die Einblicke, die der skelettierte Rotor gestattet, eine Augenweide.*

muss. Eine Submariner oder GMT sind eoenso wie eine frühe Milgauss Uhren, die sich im Alltag wunderbar tragen lassen und zum Teil unter 10 000 Euro zu erwerben sind. Eine Omega Speedmaster Professional, »the first and only watch worn on the moon«, Referenz 145.0057, Kal. 1866, mit 42 mm Durchmesser ist schon für 3000 Euro oder gar weniger zu haben. Die originale Monduhr ohne Mondphase mit dem Kaliber 321/861 kann man noch günstiger erwerben.

Zu diesen interessanten Uhren gehört auch die Mark XI der International Watch Co. Schaffhausen. Diese mit dem Kaliber 89 ausgerüstete Uhr wurde gerne von der Luftwaffe verwendet und zeichnete sich vor allem durch ihre antimagnetischen Eigenschaften aus. Berühmt war der 648-Stunden-Test, den jede Uhr vor der Auslieferung zu bestehen hatte. Preislich liegt eine solche IWC zwischen 2500 und 3000 Euro und kann mit einem Baujahr von 1950 auch als Erinnerung an das eigene Geburtsjahr gekauft werden. Eine IWC aus dem Jahre 1940 für die deutsche Luftwaffe mit mattiertem Stahlgehäuse und einem Durchmesser von 55 mm ist zehnmal so teuer. Von dieser Uhr mit dem Kaliber 52 T-19 wurden nur 1200 Stück nach Berlin geliefert.

Weitere interessante Militäruhren sind der Junghans Bundeswehrchronograph für die Luftwaffe mit dem Kaliber J 88 oder das Nachfolgemodell von Heuer, dessen Kaliber Valjoux 722 sogar über eine Flyback-Schaltung verfügte. Beide Modelle sind, je nach Zustand, um die 1500 bis 2500 Euro zu erstehen. Letztere passt mit einem Gehäusedurchmesser von 44 mm genau zum Zeitgeschmack.

Mit etwas Glück kann man auch andere große Marken günstig erwerben. So schlägt ein Ewiger Kalender von Audemars Piguet der Referenz 25850OR.002 mit dem Kaliber 2120/2802 aus einer limitierten Serie von 50 Uhren aus dem Jahre 1998 mit lediglich 9000 Euro zu Buche. Das ist für eine Rotgolduhr mit dieser Komplikation ein ausgesprochenes Schnäppchen. Teurer ist da schon, wenn auch nur mit Stahlgehäuse versehen, ein Modell der ältesten Uhrenfabrik. Ein Vacheron Constantin Chronograph Kaliber 434 mit einem 34-mm-Gehäuse und originaler Stiftschließe aus dem Jahre 1940 liegt deutlich über 30 000 Euro. Da ist ein Picard Cadet Chronograph von 1950 mit einem Kaliber Venus 175 in massivem Rotgold in ähnlicher Optik mit Preisen um die 5000 Euro deutlich günstiger, ohne weniger Vergnügen zu bereiten. Chronos von Breitling, Ebel, Breguet und Heuer, Tanks von Cartier – all das sind Möglichkeiten, Schnäppchen im moderaten Preissegment bis 3000 Euro machen zu können. Der Spaß an der alten Uhr kann auch schon unter 1000 Euro beginnen.

Für Liebhaber der rechteckigen Uhr bietet die Jaeger-LeCoultre Reverso in all ihren Spielformen und Größen ein noch bezahlbares Angebot. Bei einer »Art déco« mit dem Kaliber 823 in gutem Zustand mit Box und Papieren sind etwa 6000 Euro zu entrichten. Als Tourbillon ist die Reverso auch erhältlich, wohl aber entsprechend teurer. Eine ebenfalls rechteckige IWC Novecento, die allerdings über einen Ewigen Kalender verfügt, ist zu diesem Preis ebenfalls schon erhältlich.

Von IWC ist auch mit die preiswerteste »Grande Complication« in Gold oder Platingehäuse mit 42 mm Durchmesser zu erhalten. Die Referenz 3770 verfügt über Minutenrepetition, Chronograph, Ewigen Kalender und Mondphase. In ihr arbeitet ein hoch komplexes Minutenrepetitions-Schlagwerk mit Alles-oder-nichts-Funktion. Diese Erfindung signalisiert die Zeit mit leisen Tönen, die von zwei Tonfedern kommen, die durch einen Schieber am linken Gehäuserand ausgelöst werden. Diese werden durch zwei kleine Präzisionshämmer geschlagen, und zwar nach jeder abgelaufenen Stunde, Viertelstunde und Minute. Dieses Schlagwerk war eine technische Meisterleistung. Weil das Tonsignal zunächst nicht durch das massive Edelmetallgehäuse drang, wurde das Glas an einer Metallmembrane frei schwingend aufgehängt, um dadurch die via Schallübertragungssteg abgegebenen Schwingungen der Tonfeder zu verstärken. Kostenpunkt gefällig? So etwa ab 80 000 Euro.

In dieser Preiskategorie ist auch eine einfache Zweizeigeruhr von unscheinbarem Äußeren anzutreffen: eine der ersten von Rolex gefertigten Panerei Uhren. Da es sich bei der Referenz 3646 noch um einen zu Präsentationszwecken gebauten Prototypen mit California-Zifferblatt handelt, wird ein Preis verlangt, der nur für fanatische Paneristi nachvollziehbar ist. Eine schöne Cartier, eine Audemars Piguet Royal Oak mit einer Komplikation wie Chronograph oder Ewigem Kalender – das sind Uhren, die überdies hervorragend durch den Alltag begleiten. Gerade auch die Zenith Modelle der 1980er- und 1990er-Jahre sind mit den El Primero Kalibern 400 und 410 oft bei Auktionen zu relativ günstigen Preisen im Angebot.

Es gibt wenige Kalenderchronographen mit Chronometerzertifikat, zumeist die mit dem Valjoux 88, die an die schlichte und dennoch wertige Ausstrahlung dieses Modells heranreichen.

Es lässt sich ergo konstatieren: Wenn Sie ein Liebhaber des klassischen Uhrendesigns sind, können Sie mit einer Vintage-Uhr am wenigsten falsch machen – vorausgesetzt, es ist die richtige Marke.

*Die neue Lange Zeitwerk zeigt Stunden und Minuten digital an. Die exakt springenden Zeitanzeigen werden von einem Handaufzugskaliber L 043.1. angetrieben, das über eine Gangreserve von 36 Stunden verfügt.*